Der Zukunft entgegenwachsen

Neue Lösungen erfordern ein Umdenken in alle Richtungen – auch in die Höhe. Genau das hat der Architekt Stefano Boeri getan und mit seinem Team für Mailand zwei Hochhäuser entwickelt, an deren Fassaden Bäume wachsen – der Bosco Verticale. Die Gebäude sind neben Sträuchern und Gräsern mit 20 verschiedenen Baumarten bepflanzt. Mit ihrem einzigartigen Konzept sind sie nicht nur eine innovative Idee für die platzsparende Schaffung von Grünraum und Erhöhung städtischer Biodiversität, sondern auch ein Modell für zukunftsgerechtes Bauen und Wohnen. Auf diese Weise lässt sich die Lebensqualität im urbanen Raum durch bessere Luft und abgesenkte Temperaturen deutlich steigern.

WINGCOPTER

Von Technologie beflügelt

Um für seine Kunden neue Wege zu gehen, in dem Fall zu fliegen, braucht es die passende Technologie. Diese haben die Gründer des Start-ups Wingcopter (v. l. n. r. Jonathan Hesselbarth, Tom Plümmer und Ansgar Kadura) für ihr Vorhaben selbst entwickelt: eine luftfahrttaugliche Drohnentechnologie zur Versorgung von Menschen in entlegenen Gegenden. Bei der Auslieferung von Lebensmitteln, Medikamenten und Impfstoffen ist das für viele lebensrettend. Doch nicht nur im humanitären Bereich leisten die Drohnen effiziente Unterstützung. Sie haben sich z. B. auch bewährt bei der Zählung der Walpopulation an der arktischen Küste Kanadas und bei der Inspektion norwegischer Überlandleitungen. Auch im wirtschaftlichen Bereich, wie etwa bei der standortübergreifenden Logistik, können die Wingcopter eingesetzt werden. Das Unternehmen versteht sich nicht nur als Technologie- sondern auch als Serviceanbieter, der sich bei Bedarf auch um den Betrieb der Drohnen kümmert.

Es werde Licht

Ein Re-Invent kann Bewährtes mit neuen Ansätzen verbinden. Die Designerin Marjan van Aubel will Solarenergie für jeden zugänglich machen, indem sie diese in den Alltag integriert und so zur Selbstverständlichkeit werden lässt. Gleichzeitig hat sie sich gefragt, warum Solarzellen über Jahrzehnte nicht schöner geworden sind, denn Menschen umgeben sich in der Regel nicht gern mit hässlichen Dingen. So kam ihr die erleuchtende Idee, Solarzellen direkt in Gebäude, Möbel, Fenster oder andere Objekte zu integrieren und für eine autarke Stromversorgung zu sorgen. Im Bild zu sehen ist ihre Lampe Sunne, die die Sonne ins Haus holt. Ihre Entwürfe sind der perfekte Dreiklang aus Technologie, Design und Nachhaltigkeit und ermöglichen auch Menschen ohne hauseigene Solartechnik die dezentrale Nutzung von Sonnenenergie.

Inhalt

110 Mehr als „gudd gess“

Ein gutes Gespür für den Geschmack und die Wünsche ihrer Gäste zeichnet CATALINA KREMERS-DA PALMA aus. Sie leitet das Restaurant „Tante Maja“ in Saarbrückens denkmalgeschütztem Stadtkern. Weitere Zutaten für ihr Erfolgsrezept sind abwechslungsreiche Speisen, eine einladende Atmosphäre – und on top ein überzeugender Service.

114 „Unsere Organisation ist heute wesentlich resilienter“

Optimierte Termintreue, höhere Kundenzufriedenheit, mehr Qualifikationen und Freiheiten für die Mitarbeitenden – wie er den Außendienst auf Vordermann gebracht hat, erklärt ARNE FREUND, Geschäftsführer operatives Geschäft der Deutsche Telekom Außendienst GmbH, im Interview. In Zukunft will sich sein Team noch stärker in Wachstumsfelder wie Glasfaserausbau und E-Mobilität einbringen.

120 Die Wiedergeburt von Giganten

Mit Ingenieurskunst und Pioniergeist bricht Herrenknecht im Tunnelbau von Jahr zu Jahr Rekorde. Wie das Familienunternehmen auch in Sachen Nachhaltigkeit seine Innovationskraft beweist, beschreibt MARTIN-DEVID HERRENKNECHT, General Manager für die Business Area Mining. So können die gigantischen Maschinen heute durch Remanufacturing komplett wiederverwendet werden.

130 Agil, nachhaltig, digital – die Banken der Zukunft

Ökobanken und FinTechs setzen die traditionellen Kreditinstitute unter Druck: Sie müssen sich verändern und in Kundenbetreuung, Analyse und Management neu denken. Einige Banken sind bereits dabei, sich neu zu erfinden, wie die Beispiele von ING Deutschland, DKB und KfW zeigen – mit unterschiedlichen Ansätzen.

138 Was bleibt, ist der Kunde – IT-Sales im Wandel der Zeit

Die Wettbewerbssituation auf dem IT-Markt hat sich in den vergangenen Jahrzehnten immer wieder radikal verändert. Wie sich dabei die Werte Respekt vor dem Einzelnen, Streben nach Höchstleistung und „Customer first“ bis heute bewährt haben, schildert der Unternehmensberater JOACHIM LANGMACK.

144 Wer digitale Prozesse neu denkt, der lenkt

Warum es für Unternehmen mit Blick auf die eigenen Kunden und Partner buchstäblich lebensnotwendig ist, die digitalen Geschäftsprozesse kontinuierlich anzupassen und Innovationen unermüdlich voranzutreiben, erklärt PROF. DR. AUGUST-WILHELM SCHEER und verrät, worauf es dabei ankommt.

154 Re-Think Mobility

Wo Straßen und Autos noch das Stadtbild dominieren, braucht es attraktive Räume und neue Arten von Mobilität. Der Mobilitätsforscher **DR. STEFAN CARSTEN** ist überzeugt, dass ein Umdenken in vielerlei Hinsicht dringend nötig ist. Für uns wirft er einen Blick in die Zukunft, die mancherorts schon längst begonnen hat.

164 Reset des Innovationssystems

Deutschland und die EU müssen sich neu erfinden, wenn sie technologisch und wirtschaftlich souverän bleiben wollen. Damit die digitale Transformation gelingt, fordert **KARL-HEINZ STREIBICH**, Präsident der acatech – Deutsche Akademie der Technikwissenschaften, einen Reset des Innovationssystems.

174 „Experimentierfreude ist für mich ein Erfolgsgarant“

AYA JAFF ist eine der schillerndsten Persönlichkeiten der Tech-Welt. Sie war 2019 in der Forbes „30 under 30“-Liste und berät internationale Tech-Start-ups in der Gründungsphase. Für die junge Digitalpionierin gehört es zur persönlichen Philosophie, sich immer wieder neu zu erfinden. Im Interview erklärt sie, wie Künstliche Intelligenz uns dabei in Zukunft helfen kann.

180 Erneuerung durch Newcomer

Start-ups erfinden sich in der Regel nicht neu – sie wurden ja kürzlich erst gegründet. Was sie aber auf den Kopf stellen, sind Produktionsverfahren, Marktangebote oder nicht selten auch mal ganze Branchen. Dieser Beitrag zeigt am Beispiel einiger innovativer Geschäftsmodelle, wie ihnen das gelingt und weshalb sie genau deshalb für unsere Gesellschaft so wichtig sind.

192 Strom für die Welt

Mehr als 600 Millionen Menschen in Subsahara-Afrika leben noch immer ohne elektrischen Strom. Um das zu ändern, haben die Social Entrepreneure **AIDA UND TORSTEN SCHREIBER** 2015 den Solartechnikanbieter Africa GreenTec gegründet. Sie denken Entwicklungshilfe neu und bringen den Kontinent zum Leuchten.

Wir befürworten grundsätzlich eine gendergerechte Sprache. Zugunsten einer besseren Lesbarkeit haben wir in dieser Publikation das generische Maskulinum verwendet, womit wir immer zugleich weibliche, männliche und diverse Personen meinen.

Vor

wort

Liebe Leserinnen, liebe Leser,

die Wünsche und Erwartungen der Kundinnen und Kunden reflektieren schon immer den Wandel der Gesellschaft. Und als solche stehen wir heute vor dem größten Umbruch unserer Zeit. Globalisierung, Digitalisierung, Klimawandel, Demografie, Diversität, Gleichberechtigung und soziale Teilhabe: Diese Entwicklungen stellen Unternehmen in immer kürzeren Abständen vor neue Herausforderungen. Und das erfordert ein Umdenken in sämtlichen Branchen.

Gefragt sind Lösungen, die radikal vom Kunden her gedacht sind und dabei gesamtgesellschaftliche Belange einschließen. Es geht heute nicht mehr nur darum, zu wachsen und Prozesse zu verschlanken. Alles muss digital, nachhaltig und ressourcenschonend geschehen. Wir müssen verstehen, wie sich die Digitalisierung auf unsere Produkte und Services auswirkt. Und unsere Angebote konsequent entlang der Bedürfnisse unserer Kunden weiterentwickeln.

Die Haltung eines Unternehmens über die gesamte Wertschöpfungskette bis hin zum persönlichen Kontakt ist heute wichtiger denn je. Wir als Telekom sind uns unserer besonderen Verantwortung als Betreiber einer kritischen Infrastruktur und großer Arbeitgeber bewusst. Wir leisten unseren Beitrag für eine positive Transformation von Wirtschaft, Gesellschaft und Umwelt. Dabei sind wir nicht nur technologisch Vorreiter. Mit „Green Magenta“ betreiben wir unsere Netze, unsere Büros und unsere Shops noch klimafreundlicher. Wir achten auf einen nachhaltigen Smartphone-Kreislauf und haben mittlerweile mehr als drei Millionen Handys wiederverwertet oder recycelt. Wir setzen uns für eine digitale Teilhabe aller Altersgruppen ein. Wir machen uns stark gegen Hass im Netz. Und wir unterstützen die digitale Ausstattung von Schulen und fördern die Medienkompetenz von Kindern und Jugendlichen. Indem wir unser Portfolio in Richtung digitale und nachhaltige Zukunft weiterentwickeln, werden wir die Erwartungen unserer Kunden von morgen erfüllen.

Ein umfassendes Re-Invent über alle Bereiche und Branchen hinweg gelingt aber nur, wenn wir Bestehendes konsequent hinterfragen. Und besonders dort genau hinschauen, wo wir noch nicht gut genug für unsere Kunden sind. Es geht um die Haltung. Um unsere Einstellung: Was immer wir tun, es soll sich für unsere Kunden auszahlen. Sie sollen bei uns immer das Beste bekommen. So versteht auch unser Sales- und Servicechef sowie Herausgeber dieses Buchs, Ferri Abolhassan, Re-Invent als seine größte Aufgabe. Mit seinem Team hat er den Geschäftsbereich Sales & Service umfassend transformiert. Das (Zwischen-) Resultat: ein Service-Erlebnis über alle Kanäle hinweg – schnell, zuverlässig, einfach und transparent. Mit smarten Prozessen, innovativen Produkten und dem Menschen im Mittelpunkt. So werden aus Kunden echte Fans.

Re-Invent – das heißt, in ungewohnte Richtungen denken. Dinge bewusst anders machen. Unaufhörlich hinzulernen. Die Grundannahmen des Handelns neu definieren. Wie das geht, zeigen die spannenden und praxisnahen Beispiele in diesem Buch. Lassen Sie sich von erfolgreichen Projekten, intelligenten Ansätzen und genialen Ideen kluger Köpfe aus Wirtschaft und Wissenschaft, Kultur und Sport inspirieren.

Eine anregende Lektüre wünscht Ihnen

Srini Gopalan
Vorstand Deutschland der Deutschen Telekom

RE-
IN-
VENT

SALES & SERVICE

So machen wir Kunden zu Fans

Für große Veränderungen braucht es einen radikalen Ansatz – ob im Sport oder in der Wirtschaft. Um aus den 70 Millionen Kunden der Telekom echte Fans zu machen, erfinden wir unseren Service und Vertrieb sukzessive von Grund auf neu. Dazu gehören Regiocenter für größtmögliche Nähe, Services, die konsequent vom Kunden her gedacht sind, und begeisternde Erlebnisse über alle Kanäle hinweg.

Richard „Dick" Fosbury wird 1947 in Portland (USA) geboren. Mit seinen 1,93 Metern ist er ein echter Schlaks und scheinbar wie geschaffen für den Hochsprung. Doch mit dem Straddle, der seinerzeit üblichen Sprungtechnik, kommt er überhaupt nicht klar. Bei 1,60 Meter ist für Dick Schluss – höher kommt er nicht. Also fängt er an zu experimentieren. Während alle anderen vorwärts abspringen, versucht er es einfach anders, nämlich rückwärts. Das hat zuvor noch keiner gemacht. Sein Trainer Bernie Wagner ist wenig begeistert: „So wird nichts aus dir! Es wäre besser, du gehst zum Zirkus." Doch Dick lässt sich nicht beirren und springt schnell zehn Zentimeter höher als mit dem Straddle. Also verfeinert er seine Technik immer weiter: Er nimmt einen bogenförmigen Anlauf, dreht seinen Rumpf beim Absprung, fliegt mit dem Kopf zuerst über die Latte und landet auf dem Rücken.

Auf sportwissenschaftlichen Konferenzen wird darüber diskutiert, warum diese Sprungtechnik nicht funktionieren kann. Allen Unkenrufen zum Trotz tritt Dick mit seiner unkonventionellen Technik 1968 bei den olympischen Spielen in Mexico City an. Zunächst lacht die Konkurrenz über ihn, dann staunen alle: Als einziger Springer schafft er die 2,24 Meter und gewinnt die Goldmedaille – mit olympischem Rekord. In den Folgejahren wird der „Fosbury Flop" zum neuen Standard im Hochsprung und der Weltrekord bis auf 2,45 Meter geschraubt.

Ich bin ein großer Fan von Dick Fosbury und seiner Geschichte. Warum? Weil sie uns zeigt, dass es sich lohnt, mutig zu sein, Bestehendes zu hinterfragen, seinen eigenen Weg zu finden und den dann auch konsequent zu gehen – ganz egal, was andere davon halten. Nur so ist es ihm gelungen, die Gesetze der Physik – Fliehkraft, Schwerkraft, Dynamik – und auch der Motorik viel weiter auszuschöpfen, als es in seinem Sport bis dahin für möglich gehalten wurde. Dank seiner Radikalität ist ihm ein echtes Re-Invent gelungen!

Die Fosburys der Wirtschaft

Auch in der Wirtschaft finden sich immer wieder „Dick Fosburys", denen bestehende Standards und Konventionen egal sind. Die fortschrittlich „out of the box" denken und so Innovationen vorantreiben, die für disruptive Veränderungen in ganzen Branchen sorgen: Braucht ein Smartphone Tasten, um darauf schreiben zu können? Bis 2007 hat jeder an Geräte wie den Nokia Communicator gedacht und „ja klar" gesagt. „Wie soll das gehen ohne Tasten?" Doch dann kam Steve Jobs und hat mit dem iPhone den Markt komplett auf den Kopf gestellt.

Seither sind Touchscreens der neue Standard und Smartphones ohne Tasten ganz normal. Doch das intuitive Bedienkonzept des iPhones und die hohe Benutzerfreundlichkeit gelten bis heute als unerreicht. Darum war das iPhone auch im vierten Quartal 2021 – 14 Jahre nach seiner Einführung – das meistverkaufte Smartphone weltweit und bescherte Apple einen Marktanteil von 22 Prozent.[1]

Springen wir nochmal ins Jahr 1985. Da wird in Dallas die erste Blockbuster-Videothek gegründet. Die Kette wächst schnell und kommt in der Spitze auf 9.000 Filialen und 60.000 Mitarbeiter. Einer der Kunden ist Reed Hastings. Der ärgert sich eines Tages darüber, dass er 40 Dollar Strafe zahlen muss, weil er „Apollo 13" zu spät zurückgegeben hat. Also gründet er 1997 kurzerhand einen eigenen Online-Filmversand und verlangt von seinen Kunden bewusst keine Gebühren für die verspätete Rücksendung der DVDs. Schnell führt er ein Abo-Modell ein, bei dem Kunden so viele DVDs ausleihen können,

„Es lohnt sich, mutig zu sein, Bestehendes zu hinterfragen, seinen eigenen Weg zu finden und den dann auch konsequent zu gehen – ganz egal, was andere davon halten."

wie sie möchten. Das Geschäft brummt. Doch Hastings denkt weiter und konzentriert sich ab 2007 auf Streaming-Inhalte, die seine Kunden direkt übers Internet abrufen können. Mit rasantem Erfolg: Sein innovatives Video-on-Demand-Konzept und die radikale Kundenorientierung dahinter krempeln die gesamte Unterhaltungsindustrie um. Heute ist Netflix der führende Streaming-Entertainment-Anbieter. Und Blockbuster? Die haben bereits 2010 Insolvenz angemeldet.

Mein letztes Beispiel für einen unbeirrbaren Andersmacher ist Jeff Bezos: 1995 gründete er in einer Garage in Seattle den Online-Buchversand Amazon. Bezos' Frau MacKenzie kümmert sich um die Buchhaltung, er selbst packte die verkauften Bücher und fuhr sie zur Post. In den folgenden Jahren konzentrierte er sich auf den Wettbewerb mit großen Buchhändlern wie Barnes & Noble – mit mäßigem Erfolg. Also stellte Bezos Amazon breiter auf und startete im Jahr 2000 den Marktplatz. So konnten auch Dritte ihre Artikel über die Plattform von Amazon anbieten, was die Auswahl und den Umsatz des Unternehmens dramatisch steigerte. Der Drittanbieter-Marktplatz, kombiniert mit dem eigenen Direktverkauf von mehr als nur Büchern, machte Amazon schließlich zum bevorzugten Online-Kaufhaus der westlichen Welt. 2006 kamen noch die Cloud-Computing-Dienste (Amazon Web Services) hinzu, die heute branchenführend sind. So formte Bezos, der im Juli 2021 als CEO zurückgetreten ist, Amazon zu einem der wertvollsten Unternehmen der Welt.

Das Erfolgsrezept von Jeff Bezos

Keine Frage: Über die dominante Marktstellung und die zum Teil rigorosen Arbeitsbedingungen kann man durchaus streiten, aber davon abgesehen ist die Erfolgsgeschichte von Amazon extrem beeindruckend und ein Musterbeispiel für ein Unternehmen, das sich immer wieder neu erfindet. Darum lohnt es, sich mit den Überzeugungen und Management-Methoden von Jeff Bezos etwas näher zu beschäftigen. In seinem ersten Aktionärsbrief schrieb er, dass er riskante Investitionen plane, von denen einige sicherlich schief – aber andere dafür durch die Decke gehen würden. Die Flops seien für ihn aber kein Scheitern, sondern einkalkulierte Lehren für die Zukunft. Und die Rechnung ging auf: das Amazon Fire Phone, Amazon Destinations und Amazon WebPay waren zwar Rohrkrepierer, dafür haben sich der Amazon Marketplace, die Amazon Web Services (AWS) und der Amazon Echo zu wahren Umsatzraketen entwickelt. Die Botschaft dahinter: Sei mutig, riskiere was und stell dich darauf ein, dass nicht alles so funktioniert, wie du es dir vorstellst. Aber, wenn du diese Rückschläge nutzt, um besser zu werden, kann daraus etwas wirklich Großes entstehen.

Die zweite wichtige Lehre: Für Jeff Bezos war stets Day One. Er hat Amazon immer so geführt, als stehe das Unternehmen noch am ersten Tag. Denn in seinen Augen war Tag 2 schon Stillstand: „Gefolgt von Irrelevanz. Gefolgt von einem qualvollen, schmerzhaften Niedergang. Gefolgt vom Tod. Und darum ist (für uns) immer Tag 1." Nach seiner Logik steht Amazon selbst nach 26 Jahren am Markt ganz am Anfang einer großen Erfolgsstory, das Beste kommt erst noch. Insofern empfiehlt es sich für Unternehmen, Stagnation zu vermeiden, immer hungrig zu bleiben, sich kontinuierlich zu hinterfragen und jede selbstzufriedene Rückschau auf einen Augenblick zu begrenzen. Denn ergänzen wir ‚Erfolg' nur um einen kleinen Buchstaben, wird klar, dass dieser ganz schnell Geschichte sein kann: Erfolg-‚t' war gestern. Deshalb gilt heute, alles daran zu setzen, dauerhaft eine „Day One Company" zu bleiben – egal, wie alt oder groß das Unternehmen wird.

Zudem verlangte Bezos von seinen Mitarbeitenden, dass sie effizient und logisch denken und faktenbasierte Entscheidungen treffen, etwa bei der Errichtung neuer Logistikzentren. Gleichzeitig gab er ihnen aber auch immer den Freiraum, eigene Ideen zu entwickeln, die nicht zum Kerngeschäft passen – „invent and wander" – hat er das genannt. Auf gut Deutsch: „Denk dir was aus und lass den Geist umherschweifen." Bei diesem Out-of-the-box-Denken leiten Intuition, Neugier und Experimentierfreude die Gedanken. So entstehen oft die größten Innovationen. Bestes Beispiel: die Amazon Web Services. Auf den ersten Blick hat die Vermietung von Datenspeicher in der Cloud nichts mit dem Verkauf von Büchern zu tun. Trotzdem ist daraus ein extrem lukratives Geschäft und zweites Standbein für Amazon entstanden. Die Kunst besteht darin, die richtige Balance aus rationalen Entscheidungen und kreativen Spinnereien zu finden. Diese „Ambidextrie" oder Beidhändigkeit wird oft als enorm wichtige Managementfähigkeit beschrieben und das ist sie aus meiner Sicht auch. Auf der einen Seite muss es Managern gelingen, das Brot-und-Butter-Geschäft durch kontinuierliche Verbesserungen und Effizienzsteigerungen erfolgreich fortzuführen (Exploitation), auf der anderen Seite muss er gleichzeitig in der Lage sein, durch Experimentieren und flexibles Handeln neue Möglichkeiten aufzutun und echte Innovationen zu ermöglichen (Exploration). Beides unter einen Hut zu bringen ist nicht einfach, aber absolut lohnenswert.

Amazons vielleicht wichtigstes Erfolgsgeheimnis jedoch ist der radikale Kundenfokus. Während andere Unternehmen überlegen, wie sie noch mehr Bücher verkaufen können, überlegt Amazon, wie es das Erlebnis des Bücherlesens für seine Kunden verbessern kann. So entstand der Kindle. Die erste Version davon war innerhalb weniger Stunden ausverkauft. Doch hat der Kindle nicht nur das Lektüre-Erlebnis verbessert, sondern dem Unternehmen gleichzeitig neue Erlösquellen erschlossen. Kunden und Unternehmen profitieren gleichermaßen. Daher der Tipp: Denk immer radikal aus Sicht deines Kunden! Tu nur Dinge, die gut für ihn sind.

„Re-Invent" des Telekom Service

Ich sehe da viele Parallelen zum Sales- & Service-Bereich der Telekom: zum Beispiel unser Credo „Einfach.RICHTIG.Machen." oder die Bereitschaft, uns konsequent zu hinterfragen und immer wieder radikal neu zu erfinden. Es geht darum, Effizienz und Kreativität erfolgreich miteinander zu kombinieren. Beidhändigkeit zu erlangen, indem wir das Tagesgeschäft absichern und gleichzeitig neue Wege gehen, um Innovationen voranzutreiben. Auch für uns ist täglich ‚Tag 1'. Denn der Markt schläft nie und die Erwartungen unserer Kunden entwickeln sich kontinuierlich. Was heute noch ihre Erwartungen übertrifft, wird für sie über Nacht Commodity. Auch in diesem Sinne müssen wir uns und alles, was wir in den vergangenen Jahren schon erfolgreich verändert haben, regelmäßig hinterfragen.

Bereits 2017 haben wir begonnen, unseren Service neu zu definieren und den Menschen dabei konsequent in den Mittelpunkt zu rücken – den Kunden mit seinen individuellen Wünschen und Erwartungen, den Mitarbeitenden mit seinen ganz persönlichen Fähigkeiten und Erfahrungen. Das war für uns ein Paradigmenwechsel. Aber diese Neuentdeckung der „Superkraft Mensch" war für uns wegweisend: Jedes zweite Kundenanliegen – konkret 55 Prozent – lösen wir heute gleich im ersten Kontakt. Die Anzahl geplatzter Techniker-Termine haben wir von 10 auf 0,6 Prozent gedrückt – bei rund 30.000 Einsätzen täglich. Und die Zahl der Kundenbeschwerden haben wir um stolze 85 Prozent reduziert – bei 60 Millionen Kontakten im Jahr. Wie wir inzwischen mit unserer Sales-Service-Transformation vorangekommen sind, wird extern wahrgenommen und sogar ausgezeichnet: So haben wir 2021 erneut alle vier großen Hotline-Tests von connect und CHIP gewonnen und damit den „Grand Slam" der Telekommunikationsbranche und zuletzt auch noch den Shop-Test von connect für uns entschieden. Lehnen wir uns jetzt entspannt zurück und feiern uns selbst? Ja, den oben genannten Augenblick. Das darf und muss auch sein. Aber wir sind noch längst nicht am Ziel. Ein begeisterndes Sales- & Service-Erlebnis ist kein Sprint, sondern ein Marathon. Und jeder Kundenkontakt ist für uns ein Test, den wir gewinnen wollen.

Darum haben wir Anfang 2021 mit „Re-Invent" ein neues Strategieprogramm gestartet. Wir wollen uns an vielen Stellen neu erfinden und so den nächsten Schritt unseres Transformationsprozesses einläuten. Für uns ist noch immer Day One.

Vier Dinge stehen bei unserem „Re-Invent" im Fokus:

1. Mit hybriden Regiocentern wollen wir noch näher an unsere Kunden heranrücken.
2. Wir möchten die Fachlichkeit unserer Kolleginnen und Kollegen weiter steigern, um die Anliegen der Kunden noch häufiger gleich im ersten Kontakt zu lösen.
3. Mit unserer Initiative „Einfach.RICHTIG.Machen." wollen wir Services schaffen, die konsequent vom Kunden her gedacht sind und einen echten Mehrwert bieten.
4. Indem wir uns die Bälle über sämtliche Kanäle hinweg noch gezielter zuspielen, wollen wir unseren Kunden das beste Omnichannel-Erlebnis der Branche bieten.

Hierfür haben wir nicht nur klare Ziele definiert, sondern auch den Weg, dorthin zukommen. Strategie und Maßnahmen sind in unserer Sales- und Service-Charta genau beschrieben. Orientierung auf dem Weg dorthin geben uns die zwei Kennzahlen ELQ (Erstlösungsquote) und CR (Conversion Rate), an denen wir regelmäßig ablesen, ob wir in der Spur sind oder an der einen oder anderen Stelle nachsteuern müssen. Worum geht es nun konkret bei unseren Zielen?

1 Regionalisierung: Neue Kundennähe

Mit der Regionalisierung möchten wir unsere Kunden überall dort abholen, wo sie sind – in ihrem Umfeld, in ihrer Sprache, mit einem festen Team, das sich vor Ort auskennt, sich durchgängig verantwortlich fühlt und eine echte Kundenbeziehung aufbaut. Dazu haben wir bundesweit neun zum Teil hybride Regiocenter aufgebaut, die unsere Kunden aus bestimmten Gegenden betreuen. Fünf weitere werden bis Ende 2022 folgen. Das komplette Regioteam arbeitet Hand in Hand für unsere Kunden. Egal was diese möchten, das Regiocenter kann ihre Anliegen in der Regel vollständig lösen. Dafür arbeiten jeweils Hunderte Kollegen fachübergreifend auf einer Fläche oder auch virtuell eng zusammen. So testen wir im Regiocenter Sachsen bereits das Virtual Office. Mit dieser innovativen Anwendung können unsere Mitarbeitenden ihre Plätze auch virtuell im Büro einnehmen, sehen, welche Kollegen anwesend sind, Meetings ganz einfach organisieren und den MagentaChat für den schnellen Austausch zur gemeinsamen Lösung der Kundenanliegen nutzen. Vertrauliche Gespräche, aber auch das Kennenlernen neuer Kolleginnen und Kollegen beim sogenannten „Kaffee-Roulette" sind auf diese Weise möglich und erleichtern die bereichs- und standortübergreifende Zusammenarbeit – selbst aus dem Homeoffice. Dieser direkte Austausch hilft nicht nur bei einer schnelleren Problemlösung, sondern schafft auch eine neue Verbindlichkeit gegenüber unseren Kunden. Wir sind als crossfunktionales Team verantwortlich, kümmern uns ganzheitlich um jedes Anliegen und leiten den Kunden nicht unnötig weiter, so der Grundgedanke. Hinzu kommt, dass sich unsere Regioteams in der Gegend der Kunden bestens auskennen und ihre Sprache sprechen – sei es Sächsisch, Hessisch oder Saarländisch. Das schafft Nähe, Vertrauen und eine persönliche Gesprächsbasis. Unser Ziel sind letztlich vollkonvergente Regiocenter, die sich gleichermaßen um die Mobilfunk- und Festnetzthemen unserer Privat- und Geschäftskunden kümmern. Das ist aus unserer Sicht ein entscheidender Hebel für eine hohe Kundenzufriedenheit.

Was wir zudem radikal anders machen: Wir sparen nicht an Vor-Ort-Einsätzen beim Kunden. Früher ging es darum, Fahrten zum Kunden zu vermeiden, Arbeiten möglichst remote zu erledigen und somit Kosten zu sparen. Heute wollen wir das Anliegen unserer Kunden im ersten Kontakt erledigen. Wo geht das besser als beim Kunden zu Hause? Wir erhalten dadurch Einblicke in seine Technik, seine Heimvernetzung, sehen Störquellen, erfahren mehr über sein Nutzungsverhalten und seine Bedürfnisse. So können wir gemeinsam mit unseren Kunden schnell ihre Anliegen lösen und das Heimnetz optimieren.

2 Fachlichkeit: Neues Wissen, neue Technologien

Zweiter Hebel ist eine neue Fachlichkeit. Denn trotz aller hilfreicher Digitalisierung macht der Mensch noch immer den Unterschied in Sales & Service – die Kundenberater, die Servicetechniker und die Shop-Mitarbeitenden mit ihrer jahrelangen Erfahrung, ihrer ausgeprägten Empathie und Expertise. Aus eigener Erfahrung weiß ich, dass es im täglichen Kundenkontakt noch immer genug Momente gibt, in denen ein Lächeln locker hundert Computer schlägt. In solchen Situationen kommt es jedoch nicht nur darauf an, helfen zu wollen, sondern auch, helfen zu können. Nichts ist für einen Kunden frustrierender als jemand, der zwar helfen will, aber nicht dazu in der Lage ist. Darum investieren wir noch stärker als bislang in die fachliche Fitness unserer Mitarbeitenden. Beispielsweise mit unseren Magenta Garagen, die unsere Netzarchitektur nachbilden und realitätsnahe Trainings ermöglichen. Mit Schulungen und Coachings kann jeder Mitarbeitende an seinen individuellen Entwicklungsfeldern arbeiten, unsere Produkte noch besser kennenlernen, technisches Verständnis aufbauen bzw. auffrischen und somit seinen Wissenshorizont Schritt für Schritt erweitern.

Dafür schaffen wir als Management die erforderlichen Rahmenbedingungen: Wir sorgen für die nötigen Freiheitsgrade und geben unseren Mitarbeitenden die besten digitalen Tools an die Hand. MagentaView etwa ermöglicht unseren Beratern heute einen ganz-

„Nur wenn wir inhaltlich dranbleiben und verstehen, wie die Digitalisierung sich auf unsere Produkte und Services auswirkt, werden wir in der Lage sein, das rasante Tempo des technischen Wandels mitzugehen und unseren Kunden auch künftig weiterzuhelfen. Dafür brauchen wir die Bereitschaft und Neugier, jeden Tag Neues lernen zu wollen."

FERRI ABOLHASSAN

heitlichen Blick auf unsere Kundenbeziehungen. Hierfür haben wir 16 bislang getrennte Tools in einer Applikation zusammengeführt, die unseren Sales- & Service-Teams sofort alle nötigen Informationen auf einen Blick zeigt. So können Anliegen schneller gelöst und Kunden gezielter beraten werden. Bei Bedarf unterstützt sie dabei ein persönlicher interaktiver Assistent, kurz „PIA", eine Robotic Desktop Automation (RDA). PIA erinnert im Gespräch zum Beispiel daran, die aktuellen Kontaktdaten zu prüfen, füllt selbstständig Gutschriften aus oder bucht automatisiert den Preisvorteil für MagentaEINS-Kunden in allen relevanten Systemen. 70 Use Cases sind bereits live. Neben RDA nutzen wir auch Robotic Process Automation (RPA), um unseren Mitarbeitenden im Arbeitsalltag den Rücken freizuhalten. Hierbei führen 3.200 Softwareroboter einfache, sich wiederholende Bürotätigkeiten wie die Rechnungserstellung oder Kündigungsschreiben selbstständig im Hintergrund aus – ohne dass unsere Mitarbeitenden tätig werden müssen. Fast 500 Prozesse haben wir auf diese Weise bereits (teil-)automatisiert.

Gleichzeitig versuchen wir, die Lust am Lernen noch stärker zu wecken. Denn nur wer Interesse und Eigeninitiative zeigt und aus intrinsischer Motivation heraus lernt, wird sich wirklich weiterentwickeln. Durch Globalisierung und Digitalisierung ist unsere Welt extrem schnelllebig geworden. Auch deshalb plädiere ich für eine neue Fachlichkeit in Service und Vertrieb. Einmal etwas zu lernen wird der täglich zunehmenden Komplexität unserer Produkte und Services längst nicht mehr gerecht. Nur wenn wir inhaltlich dranbleiben und verstehen, wie die Digitalisierung sich auf unsere Produkte und Services auswirkt, werden wir in der Lage sein, das rasante Tempo des technischen Wandels mitzugehen und unseren Kunden auch künftig weiterzuhelfen. Dafür brauchen wir die Bereitschaft und Neugier, jeden Tag Neues lernen zu wollen. Nur wer lebenslanges Lernen als Selbstverständnis und Hinzugewinn begreift, als einen Wert, der sich mehrt und jeden Einzelnen von uns kontinuierlich weiterbringt, wird die Haltung an den Tag legen, die begeisternde Sales- und Service-Erlebnisse überhaupt erst möglich macht.

3 Radikalität: Neue Services

Dritter großer Hebel unseres „Re-Invent"-Programms: Wir schauen unsere Prozesse und Arbeitsweisen an und prüfen, wo wir für unsere Kunden noch einfacher, noch nutzerfreundlicher, noch besser werden können. Dazu stellen wir die Dinge radikal auf den Prüfstand, drehen sie auf links und erfinden uns an etlichen Stellen komplett neu – ganz konsequent, ohne Scheuklappen. Nur so schaffen wir innovative Services mit spürbarem Mehrwert für unsere Kunden. Unser neuer Concierge Service ist nur ein Beispiel dafür: Stellen Sie sich vor, Sie wechseln zu einem neuen Telekommunikationsanbieter und haben dort einen Ansprechpartner, der sie während des gesamten Wechsels exzellent berät, der ihren Auftrag genau kennt, auf den sie sich zu 100 Prozent verlassen können und den sie möglichst jederzeit erreichen. Genau dieses Rundum-sorglos-Paket – das man sonst nur vom Concierge aus 5-Sterne-Hotels kennt – bieten wir Kunden, die von Wettbewerbern zu uns kommen. Damit wollen wir ihnen ein begeisterndes erstes Serviceerlebnis bereiten, das konsequent vom Kunden her gedacht ist. Aus dem Feedback unserer Kunden wissen wir, dass sie sich neben dem telefonischen Kontakt auch die Möglichkeit wünschen, per E-Mail und Messenger mit ihrem persönlichen Ansprechpartner kommunizieren zu können. Rund 65 Prozent der Kunden äußerten zudem den Wunsch nach einem festen Betreuungsteam.

Mit diesen Erkenntnissen hat sich unser Team an die Umsetzung gemacht: Wir haben Conciergeteams aus je vier Spezialisten in Tischgruppen zusammengebracht. Damit steht unseren Kunden nicht wie bislang nur ein Ansprechpartner per SMS zur Verfügung, sondern ein festes Team, das auch telefonisch und per E-Mail erreichbar ist. Es informiert den Kunden über alle wichtigen Schritte und beantwortet jede seiner Fragen. So geht keine Information, wie etwa eine nachträgliche Änderung des Kunden, verloren. Künftig werden diese Teams – genau wie in unseren Regiocentern – Kunden aus ihrer jeweiligen Region betreuen. Das schafft mehr Nähe, sorgt für klare Verantwortlichkeiten und vereinfacht die Verständigung. Letztlich dient uns der Concierge Service für den Wechslerprozess auch als Blaupause für weitere Concierge Services – etwa für Kunden, die umziehen oder ein Haus bauen und an der neuen Adresse einen Telefon- und Internetanschluss benötigen. Unsere Kunden konsequent in den Mittelpunkt stellen und ihnen einen innovativen und tadellosen Service bieten – das ist es, was wir unter „Einfach.RICHTIG.Machen." verstehen.

Auch unser im Frühjahr 2021 gelaunchter Digital Home Service gehört in diese Rubrik. Damit unterstützen wir die Menschen bei allen Anwendungen im vernetzten Zuhause, das gerade während der Coronapandemie als zentrale Schaltstelle unseres digitalen Lebens immer wichtiger geworden ist. Ob Telekomkunde oder nicht, mit unserem neuen Serviceangebot helfen wir allen Anwendern schnell und kompetent weiter. Remote oder direkt vor Ort greifen wir ihnen bei der Optimierung des WLANs, bei der Einrichtung von Smart-Home-Geräten, Laptops, Tablets und Smartphones sowie bei der Installation entsprechender Software fachmännisch unter die Arme. Dafür haben wir drei verschiedene Leistungspakete geschnürt, die monatlich abgerechnet werden. Auch mit diesem Rundum-sorglos-Angebot, ein Novum im deutschen Markt, erfüllen wir ein wachsendes Kundenbedürfnis und schließen wieder eine Lücke.

Einfacher haben es seit Dezember 2020 auch unsere Mobilfunkneukunden, denen wir als erster TK-Anbieter ein RoboIdent-Verfahren anbieten. Benötigt werden nur der Ausweis, ein Smartphone und die entsprechende App. Der Kunde filmt die Vorder- und Rückseite seines Ausweises, nimmt ein Selfie Video auf und versendet die Daten. Innerhalb von nur zwei Minuten sind diese voll automatisiert ausgewertet – dank Künstlicher Intelligenz. Schneller und komfortabler geht's nicht.

Und auch unseren Self Service haben wir für unsere Kunden von Grund auf neu gedacht: Wir bauen unsere neue OneApp zum Hauptkanal für die Kommunikation und Interaktion mit unseren Smartphone-Kunden in allen europäischen Landesgesellschaften aus. So wird eine zentrale Service-App die Art und Weise, wie wir mit unseren Kunden interagieren, massiv beschleunigen und ihnen quasi ein digitales Schweizer Taschenmesser in Sachen Self Service an die Hand geben.

4 Omnichannel: Neues Kundenerlebnis

Für 80 Prozent der Kunden ist Studien zufolge das Einkaufserlebnis zentrales Entscheidungskriterium für den Kaufabschluss. Drei von vier Kunden erwarten in diesem Zusammenhang eine konsistente Interaktion über Funktionsbereiche und Kanäle eines Unternehmens hinweg. Hier können und wollen wir als Telekom noch deutlich besser werden – weg von einer isolierten Kanalbetrachtung, hin zu einer integrierten Omnichannel-Strategie. Unsere Kunden sollen frei wählen können, welchen Kanal sie für ihr Anliegen nutzen und gegebenenfalls auch mühelos wechseln möchten – ganz ohne Brüche. Unsere Vision ist das beste Omnichannel-Erlebnis für unsere Kunden, über alle Kanäle und Situationen hinweg: Egal ob an der eigenen Haustür, im Handel, im Shop oder an der Hotline. Ob in der Beratung, im Verkauf, bei der Installation oder Entstörung. Ob Privatkunde oder Geschäftskunde. Wir wollen allen Kunden jederzeit ein konsistentes und begeisterndes Beratungs-, Service- und Verkaufserlebnis bieten. Das ist unser Anspruch und Ziel als Premiumanbieter. Hierfür spielen wir uns die Bälle über alle Kanäle hinweg noch besser zu. Wie sieht das in der Praxis aus? Ein Beispiel: Bei unserem Kunden funktioniert das Internet nicht. Er ist verzweifelt, weil in seinem Homeoffice demnächst wichtige Videokonferenzen anstehen und er einige Präsentationen versenden muss. Also ruft er bei unserem Technischen Kundenservice an und schildert sein Problem. Die Kollegen stellen fest, dass der Router des Kunden defekt ist. Normalerweise würden wir dem Kunden jetzt ein Austauschgerät per Versand anbieten. Dann dauert es jedoch, bis der neue Router beim Kunden eintrifft. Unser neues Passspiel geht anders: Die Kollegen vom Technischen Kundenservice prüfen direkt die Verfügbarkeit des neuen Routers im nächstgelegenen Telekom Shop. Per Dreierkonferenz – mit dem Kunden und einem Shopmitarbeitenden – wird der Router reserviert und für den Kunden zur Abholung bereitgestellt – und zwar sofort. So hat der Kunde schon nach kürzester Zeit wieder ein stabiles Internet. Vernetzte Kanäle, perfektes Teamplay, begeisterte Kunden, so stellen wir uns ein „Re-Invent" des Sales- & Service-Erlebnisses vor.

Den Mut haben, die Dinge durchzuziehen

„Probleme kann man niemals mit derselben Denkweise lösen, durch die sie entstanden sind", hat Albert Einstein mal gesagt. Und ich sage: Stimmt! 2017 angetreten, um den Kundenservice der Telekom zu erneuern, war mir schnell klar, dass das mit bestehenden Mitteln und Methoden nicht gelingen wird. Wer etwas Neues schaffen möchte, braucht den Mut, alles zu hinterfragen und neue Wege zu gehen. Ich gebe zu: Das ist nicht einfach, das kostet Kraft. Auch kulturell ist das eine enorme Herausforderung, die man nicht von heute auf morgen bewältigt. Und dann muss man noch die Courage haben, tatsächlich etwas zu verändern und dabei vielleicht zu scheitern oder nicht schnell genug erfolgreich zu sein. Auch hiervor schrecken viele Manager zurück und spielen lieber den Bestandsbewahrer. Für mich jedoch sind die Einstellung und eine Denke à la Fosbury, Jobs, Hastings und Bezos alternativlos, wenn es um grundlegende Veränderungen geht. Für echte Innovationen braucht es ganz einfach diese Furchtlosigkeit, diese Überzeugung und diese Radikalität – auch im Vertrieb und Kundenservice. Daher bin ich sehr stolz auf mein Team aus über 30.000 Menschen, die meine Einstellung teilen und aktiv mittragen. Ohne ihre Überzeugung und Leidenschaft wären wir gar nicht in der Lage, uns als Organisation neu zu erfinden. Gemeinsam haben wir in den vergangenen Jahren schon viel erreicht und aus einem guten Sales- & Service-Team das beste unserer Branche gemacht. Doch damit geben wir uns nicht zufrieden. Damit werden wir unseren eigenen Ansprüchen nicht gerecht. Damit sind wir noch nicht am Ziel. Mit unserem „Re-Invent" wollen wir unsere Kunden zu echten Fans machen. Bester Sales & Service immer, für alle! Da wollen wir hin.

Eine Day-One-Mentalität, Beidhändigkeit und ein radikaler Kundenfokus sind unsere Schlüssel zum Erfolg. Uns ist bewusst: Wir haben noch ein gutes Stück Weg zu gehen. Doch wir werden nicht aufhören, bis wir dieses Ziel erreicht haben. Denn wir sind überzeugt: Das Beste kommt erst noch!

---

[1] Quelle: Marktforschungsunternehmen Canalys

> **„Eine Day-One-Mentalität, Beidhändigkeit und ein radikaler Kundenfokus sind unsere Schlüssel zum Erfolg."**

DR. FERRI ABOLHASSAN

Ob beruflich oder privat, Ferri Abolhassan ist am liebsten in Bewegung. Der gebürtige Saarbrücker ist leidenschaftlicher Ausdauersportler und geht regelmäßig joggen und Rad fahren. Dabei holt er sich nicht nur die nötige Fitness für den Job als Geschäftsführer Sales & Service Telekom Deutschland, es kommen ihm auch immer wieder neue Ideen, wie er seinen Bereich weiterentwickeln kann. Zuvor sammelte der promovierte Informatiker internationale Management- und Vertriebserfahrung bei Siemens, IBM, SAP, T-Systems und IDS Scheer. Ferri Abolhassan ist zudem Herausgeber diverser Fachbücher und Mitglied im Digitalisierungsrat der saarländischen Landesregierung.

Dr. Carl Naughton,
Neugierforscher, Wirtschaftspsychologe und Fachbuchautor

„Re-Invent ist unsere Überlebensstrategie im Zeitalter der Ungewissheit – es ist der Unterschied zwischen Hadern und Handeln.

Der Haderer hofft, seine bisherigen Lösungen erneut präsentieren zu können, nachdem die Wogen sich geglättet haben. Der Handelnde schaut sich an, was sich verändert und passt seine Lösungen an das Neue an. Das ist der (Über-)Lebensbooster der Menschheit, ich nenne es den Adaptions-IQ.

Wir müssen Proaktivität professionalisieren – den Blick darauf richten, welche Themen sich in der Branche gerade abzeichnen. Denn genau darin besteht der Unterschied zwischen bloßer Auftragsabwicklung bekannter Kundenbedürfnisse und der Chance, den eigenen Horizont effektiv durch offene und glaubwürdige Konversation zu erweitern und dadurch die (Kunden-)Beziehung als Ganzes voranzubringen.“

„Das Thema ‚Re-Invent' begleitet uns schon immer: Merck ist seit über 350 Jahren erfolgreich, weil wir uns immer wieder neu erfunden haben. Unsere Aufgabe als HR ist es, unsere Belegschaft auf die damit einhergehenden Veränderungen vorzubereiten. Jetzt, da wir uns einer hybriden Arbeitskultur nähern, müssen wir z. B. unsere Innovationskraft im Auge behalten. Damit beschäftigt sich das ‚Activate Curiosity'-Programm, das Teams bei der Erreichung ihrer Innovationsziele unterstützt und Neugier fördert. Ob gestern, heute oder morgen: Unsere Neugier ist die Kraft, die uns antreibt."

Dietmar Eidens,
Chief Human Resources Officer, Merck

Von Emoti
getragen

onen

Bayern München lebt die
Zukunft des Customer Care –
authentisch, empathisch
... und digital.

BENJAMIN STEEN

Über 293.000 Mitglieder, mehr als 20 Millionen Fans in Deutschland und geschätzt 997 Millionen am Club Interessierte rund um den Globus: Der FC Bayern München ist der größte Fußballclub der Welt und zählt auch wirtschaftlich zu den absoluten Top-Vereinen.

BENJAMIN STEEN

Der gebürtige Münchner Benjamin Steen hat Medienmanagement und Sportmarketing studiert und ist seit 17 Jahren beim FC Bayern München tätig. Als er anfing, erzählt er, habe er die Personalnummer 83 erhalten, inzwischen sind mehr als 1.000 Mitarbeiterinnen und Mitarbeiter für den größten Verein der Welt tätig. Steen ist Head of Customer Care, Digital Licencing & Stadium, verantwortet die Vermarktung und Entwicklung digitaler Themen und ist zuständig für die gesamte Fan- und Kundenkommunikation, Medienkooperationen, Lizenzpartnerschaften sowie die Digitalisierung der Allianz Arena.

Herr Steen, 650 Millionen Fans soll der FC Bayern auf der Welt haben. Und Sie sind für all diese Menschen zuständig.

Die Zahl stimmt nicht ganz – es sind 997 Millionen Interessierte. Und das sind natürlich nicht ausschließlich Fans. Wir unterscheiden zwischen Interessierten, Sympathisanten, Fans und, als höchste Stufe der Bindung an den Verein, den Mitgliedern des FC Bayern München. Das ist die höchste Stufe der Nähe-Hierarchie. Aber es gibt 997 Millionen Menschen auf der Welt, die sich in der einen oder anderen Form für den FC Bayern interessieren.

Das ist ein buchstäblich ausdifferenziertes Publikum: weltumspannend, generationenübergreifend, es geht quer durch alle Bildungs- und Einkommensschichten. Wie bekommt man all diese Menschen unter einen Hut?

Ich glaube, indem man sich bewusst macht, dass wir ein Fußballverein sind – und kein B2B- oder B2C-Unternehmen im klassischen Sinn. Bei uns geht es um zwei ganz, ganz starke Komponenten. Die erste ist Loyalität, die zweite Emotionalität. Wir verkaufen im zweiten, dritten oder vierten Schritt dann auch physische Produkte wie Trikots,

Bettwäsche, Babyschnuller, die Cap, das Kleid, den Schal etc. Aber im ersten Schritt geht es nur darum, diese Emotionen authentisch zu transportieren. Das machen im Wesentlichen Spieler und Trainer auf dem Fußballfeld. Aber in Summe sind wir alle, der gesamte FC Bayern München, dafür verantwortlich, dass diese Loyalität und Emotionalität unsere Anhänger mehr und mehr an uns bindet.

Immerhin haben Sie es mit so vielen Interessierten wohl nicht schwer, ihre Umsätze zu generieren.

Das höre ich oft. Aber das ist eben nur die eine Seite der Medaille. Das Potenzial dieser Zahl Interessierter oder Fans ist natürlich immens. Die andere Seite ist die riesengroße Erwartungshaltung und diese brutale Enttäuschung, die man herbeiführen kann, wenn man den Erwartungen nicht gerecht wird. Sehen Sie, wenn Sie von einem Produkt enttäuscht sind oder der Hersteller geht pleite, dann kaufen Sie eben ein anderes – das tut niemandem weh. Aber wenn der FC Bayern München eins auf den Deckel bekommt, zum Beispiel im Pokal ausscheidet, das geht an die Seele der Fans, das schmerzt richtig. Das ist der Unterschied zu anderen Marken, dass die Wahrnehmung viel mit sportlichen Aktualitäten zu tun hat – positiv wie negativ. Aber die Marke FC Bayern München ist grundsätzlich immer der Türöffner.

Diese Marke zieht fast eine Milliarde Menschen an ...

Natürlich ist mit den sportlichen Erfolgen, vor allem aber den medialen Möglichkeiten, die Zahl der Anhänger über viele Jahre sukzessive gestiegen. Und damit haben auch die Anzahl der Bedürfnisse und Rückfragen an Servicethemen zugenommen. Das Thema Service oder Contact Center hat bei Fußballclubs allgemein, nicht nur beim FC Bayern München, früher keine große Rolle gespielt. Die Bedeutung hat aber massiv zugenommen. Deshalb befasst man sich auch im Fußball seit Längerem mit dem Thema CRM (Customer Relationship Management). Also Datenquantität, Datenqualität. Wir haben natürlich auch gemerkt, dass die Anforderungen bei den Sponsoren und Partnern sich verändert haben.

Sponsoren reicht nicht mehr der Schriftzug auf dem Trikot oder die Werbebande?

Hat man vor fünf, sechs Jahren einen Sponsorenvertrag verhandelt, dann wurde immer die Frage nach der Reichweite gestellt. Wie viel Besucher hast du auf der Website, wie viel Unique User? Jetzt sind die ersten Fragen: Welches CRM-System setzt du ein? Kannst du zielgruppenspezifische Inhalte ausspielen? Hast du einen AdServer, machst du Retargeting, hast du soziodemografische Daten? Die Anforderungen an Sponsoring haben sich also stark gewandelt. Als Beispiel: Unser Partner Telekom möchte bewusst auf das Trikot und auf die Bande, aber es interessiert ihn mindestens genauso, wie er Zielgruppen oder Menschen erreicht, die sich für die Marke und ihre Produkte interessieren und sie dann optimalerweise auch konsumieren. Das ist die Zukunft von Sponsoring und dementsprechend geht es darum: Wo werden Daten generiert? Vor fünf Jahren haben wir das Thema beim FC Bayern München auf ein neues Level gehievt. Natürlich auch im Zuge der Internationalisierung, die für uns immer wichtiger geworden ist.

Dann basiert Customer Care auf der Gewinnung dieser Daten. Und natürlich dem Ticketverkauf?

Die Bandbreite ist immens, warum und auf welchen Wegen Menschen mit uns Kontakt aufnehmen. Neben dem Daily Business mit vielen Kontakten, darunter selbstverständlich auch der Ticketverkauf, Merchandising, Kids Club etc. reichen die Themen von Erzählungen des Großvaters, der vor 70 Jahren bereits die Fußballschuhe für den FC Bayern München geschnürt hat, bis zu Eltern, die anrufen und erzählen, ihr Kind habe Leukämie, eine Lebenserwartung von drei Monaten, und fragen, ob es möglich sei, einen Spieler zu treffen. Das sei sein größter Wunsch. Man kann jetzt sagen, ohne Daten ist es nur eine Geschichte, aber ohne Geschichte sind es eben auch nur Daten. Man muss beides zusammenführen und dementsprechend versuchen wir auch, unsere Kolleginnen und Kollegen im Service so zu schulen, dass sie nicht nur das unmittelbare Bedürfnis der Kunden bedienen.

Warum dieser große Aufwand?

Weil wir als FC Bayern München unseren Fans und Kunden auf allen Ebenen unser Markenversprechen erfüllen und das bestmögliche Erlebnis bieten wollen. Das gilt für die Mannschaft auf dem Platz genauso wie für die Mannschaft dahinter. Wir wollen nicht nur Abverkauf betreiben und Umsatz generieren, sondern wir wollen am Ende des Tages einen hervorragenden Service liefern. Die Menschen haben immer das Bedürfnis, auch eine Geschichte zu erzählen: Ich war schon so lange nicht mehr im Stadion. Oder: Ich habe ein Selfie mal mit diesem und jenem Trainer gemacht. Nach dem Kontakt mit uns sollen die Menschen rausgehen, das Telefonat beenden oder den Mailverkehr und sagen: „Mir wurde geholfen. Das ist ein Service oder eine Hilfe, die ich in dieser Form noch nie erfahren und erlebt habe." Die Menschen haben es in ihrem Alltag ja auch mit anderen Marken und Unternehmen zu tun und sie vergleichen natürlich: Wo war ich besonders zufrieden? Die Antwort soll immer lauten: FC Bayern München.

Guter Service kostet Geld, lohnt sich die Investition?

Ich glaube, dass man auch in der heutigen Zeit die Zufriedenheit der Menschen und auch den Umsatz daran festmachen kann, wie die Experience im unmittelbaren Kontakt mit dem Unternehmen ist. Wenn sie eine schlechte Erfahrung gemacht haben, beim Thema Kulanz oder Rücksendung zum Beispiel, dann wird sich das auch negativ in der Umsatzentwicklung widerspiegeln. Am Ende kommt es auf zufriedene Kunden an. Der First Level ist bei uns ‚outgesourced', das sind also keine festangestellten Bayern-Mitarbeiter. Dennoch sind sie für uns extrem wichtig, sie sind der Erstkontakt mit Bayern München weltweit. Sie sind manchmal auch Prellbock und dessen sind sie sich bewusst. Da machen sie Tag für Tag einen sehr guten Job. Sie strahlen immer die Professionalität, die Souveränität – also schlicht den Anspruch des FC Bayern München – nach außen aus.

Wir haben jetzt über Telefonkontakt gesprochen, über welche Wege kommuniziert der FC Bayern noch?

Der Telefonkontakt ist natürlich der historisch gewachsene Kontakt, aber wir bemerken gerade, dass sich das Verhältnis hin zum Mailkontakt verschiebt. Früher war das Verhältnis 70:30 pro Telefonie, seit zwei Jahren verändert sich das massiv, nun

„Am Ende wollen wir ja keinen Innovations-Award gewinnen. Wir wollen den Puls der Zeit treffen, aber vor allem wollen wir alle Kunden zufriedenstellen. Darauf kommt es bei jeder Neuerung im Endeffekt an.“

ist es im Mittel 60:40 für den Mailkontakt. Natürlich nutzen wir auch Social Media sehr stark, da haben wir sehr große Reichweiten. Und wird denken selbstverständlich laufend über neue Entwicklungen und Trends wie Live-Chats, Chatbots, Messengerdienste nach. Wir haben eine klare Vision, aber noch keine unmittelbare Entscheidung getroffen.

Wann wird die kommen?

Sie wird relativ zeitnah fallen. Wir sind gerade dabei, auch mit dem Wechsel im Vorstandsvorsitz von Karl-Heinz Rummenigge zu Oliver Kahn, uns einer Art Inventur zu unterziehen. Das bedeutet, dass all das, was historisch gewachsen ist und auch super funktioniert hat, kritisch beleuchtet wird. Ziel ist, die Vielzahl der infrastrukturellen Systeme in ihrer Komplexität zu harmonisieren, aber auch zu reduzieren. Dabei müssen wir aber auch immer unsere sehr unterschiedlichen Zielgruppen im Auge behalten. Als Beispiel: Ältere Menschen, die telefonisch für ihre Enkel Artikel im Wert von fast 500 Euro bestellen, würden wir kaum mit Messengern oder Live-Chat oder digital zufriedenstellen. Am Ende, das sage ich Ihnen ganz ehrlich, wollen wir ja keinen Innovations-Award gewinnen. Wir wollen den Puls der

Zeit treffen, aber vor allem wollen wir alle Kunden zufriedenstellen. Darauf kommt es bei jeder Neuerung im Endeffekt an.

Welche Rolle spielt dabei Künstliche Intelligenz?

AI, VR und AR, Big Data, das sind die aktuellen Buzzwords auf fast jedem Event. Ich glaube, wir müssen aufpassen, dass wir diese Künstliche Intelligenz auch an der richtigen Stelle nutzen und nicht den Fehler machen, dass wir dabei zu künstlich werden. Emotionen können nur von Menschen erzeugt und auch nur von Menschen gefühlt werden. AI kann sicherlich entlasten und unterstützen. Aber ich bin sehr darauf bedacht, bei allem die Emotionalität und die Bodenhaftung nicht zu verlieren. Die Menschlichkeit, die den FC Bayern München immer ausgezeichnet hat.

Im Paket Bayern München war der sportliche Erfolg immer nur die eine Seite, die andere war von Fürsorge und Mitgefühl bestimmt.

Ich glaube, das hat uns groß gemacht. Wir waren und sind uns unserer sozialen Verantwortung bewusst. Dafür war lange Uli Hoeneß unser Gesicht nach außen. Er hat Benefizspiele organisiert, er hat die Dominik-Brunner-Stiftung für Zivilcourage gegründet. Der FC Bayern Hilfe eV kümmert sich um unverschuldet in Not geratene Menschen, da sind wir sehr aktiv. Aber wir reden nicht so viel darüber. Es ist aber Teil unseres Selbstverständnisses und Teil unserer Rolle. Vielleicht drückt dieses Selbstverständnis des FC Bayern München auch heute noch am besten Franz Beckenbauers Lied aus: „Gute Freunde kann niemand trennen".

Ein anderes Thema Ihres Re-Invent ist das „Digitale Stadion". Was bedeutet das?

Das fängt banal an mit dem Mobilfunknetz. Früher konnte man im Stadion nicht einmal eine SMS verschicken, weil sich zu viele Endgeräte mit einer limitierten Anzahl von Antennen „connecten" wollten. Wir haben zusammen mit der Deutschen Telekom 1.000 Access Points im Stadion eingerichtet, sowohl im Außenbereich als auch im Innenbereich. Übrigens auch 3.500 Screens, auf denen wir Live-Content zeigen, Inhalte von unseren Sponsorenpartnern und eigene Vertriebsthemen. So haben wir das Bedürfnis der Menschen nach Kommunikation erfüllt. Vor zwei Jahren haben wir zusätzlich mit der Telekom die Allianz-Arena 5G-fähig gemacht. Zudem gibt es eine Stadion-App, zusätzlich zur FC Bayern-App.

Warum braucht Bayern München zwei Apps?

Weil wir gemerkt haben, dass die Club-App schon zu viele Inhalte hat und zu umfangreich wird. Es gibt für die Apps ganz unterschiedliche Use Cases. Wenn Sie im Stadion sind, macht der Liveticker relativ wenig Sinn. Anders ist es, wenn Sie mit Ihrer Familie eine Wanderung machen. Die Allianz-Arena-App bündelt die Servicethemen rund um den Stadionbesuch. Zum Beispiel kann man sein Kennzeichen registrieren und muss kein Parkticket lösen. Man kann den Verkehrsfluss optimieren und somit unnötige Wartezeiten vermeiden. Natürlich lassen sich damit die physischen Grenzen von Europas größtem zusammenhängendem Parkhaus mit fast 12.000 Stellplätzen nicht überwinden. Zumal alle kurz vor dem Anpfiff hineinfahren und recht bald nach Abpfiff wieder hinauswollen. Aber die Experience kann doch wesentlich verbessert werden. Wir haben auch auf Mobile Payment umgestellt, weil es schnell geht und mit Blick auf Corona ja auch kontaktlos ist.

„Wirkliche Kundenbindung ist kein 100-Meter-Sprint, das ist eher ein Marathon."

Abgesehen davon, dass der Stadionbesuch durch Corona starken Einschränkungen unterliegt, hatte die Pandemie noch andere Auswirkungen auf Ihre Arbeit?

Allerdings! Wir hatten noch nie so viel Kontakt zu Menschen weltweit wie in dieser Zeit. Menschen haben sich Sorgen gemacht, auch um den FC Bayern München. Wie sieht die finanzielle Situation beim FC Bayern aus? Gibt es FC Bayern-Masken und wo kann ich diese bestellen? Wie steht es um die Hygiene, Bedingungen und Maßnahmen im Stadion? Also wir haben neben den Fragen, die uns seit Jahren beschäftigen, viele neue Themen und sehr viele neue Kontakte hinzubekommen.

Und alle wollen Sie an den FC Bayern binden?

Die Ausgangssituation ist auf jeden Fall: Jeder Mensch, egal mit welchem Bedürfnis, soll bestmöglich bedient werden, gleich in welcher Beziehung er anfangs oder in letzter Instanz dann zu uns steht. Aber natürlich wollen wir für die Marke FC Bayern München begeistern. Wenn jetzt jemand vom FC Bayern München gehört hat, zum Beispiel vom Torrekord Robert Lewandowskis, dann wird die Person auch mal auf die Website gehen und dann vielleicht FC Bayern.tv abonnieren, um sich die Highlights der Spiele anzugucken. Dann will sie möglicherweise Mitglied werden im größten Verein der Welt. Dann wird das Kind angemeldet und das wird im Kids Club ein noch intensiveres Verhältnis zu uns haben. So wird aus meiner Sicht Loyalität aufgebaut. Über Jahre hinweg möglicherweise, manchmal über Jahrzehnte. Dabei wollen wir niemals den Fehler machen, zu offensiv vorzugehen. Wirkliche Kundenbindung ist für mich kein 100-Meter-Sprint, sondern vielmehr ein Marathon. Wir dürfen den Menschen nicht das Gefühl geben, wir wollten mit ihnen einfach nur Geld verdienen. Am Ende des Tages spielt das Kommerzielle natürlich auch für den FC Bayern München eine große Rolle, so ehrlich muss man sein. Wir möchten den Menschen aber niemals das Gefühl vermitteln, dass sie von uns zu irgendwas genötigt wurden. Am Anfang und am Ende stehen beim FC Bayern München immer Glaubwürdigkeit, Authentizität, Loyalität.

Shifting Windows

Wie Service zukunftsfähig bleibt

Wir sehen unsere Welt nie so, wie sie ist, sondern immer durch ein mentales Fenster. Und das verschiebt sich kontinuierlich. Service-Expertin Sabine Hübner sagt, was das für den Erfolg von Services bedeutet.

Es ging rasend schnell: Unser Blick auf die Welt hat sich radikal verschoben. Noch vor kurzer Zeit schien es unvorstellbar, dass Consumer auf die soziale und ökologische Verantwortung von Unternehmen so viel Wert legen, dass sie ihre Kaufentscheidungen entlang dieser Themen treffen. Kaum jemand konnte sich vorstellen, dass sich – wie jüngst geschehen – 69 deutsche Großunternehmen mit weltweit 5 Millionen Mitarbeitenden zusammenschließen, um von der neuen Bundesregierung mehr Klimaschutz zu verlangen. Die Idee des sich verschiebenden „Overton-Windows" stammt ursprünglich aus der politischen Kommunikation. Um Politik soll es hier nicht gehen, wohl aber um die Idee des „Shifting Windows", wie ich es nenne.

Meiner Beobachtung nach macht die Vorstellung von „Shifting Windows" einige aktuelle Umbrüche rund um das Thema Service in ihrer ganzen Radikalität greifbar. Aktuell bewegt sich nicht nur unsere Perspektive auf einzelne Servicethemen. Vielmehr ist die gesamte Business-Landschaft in Bewegung geraten. Lassen Sie uns diese Verschiebungen an drei Beispielen unter die Lupe nehmen: erstens am Beispiel der aktuell erodierenden Markenbindung, zweitens im Hinblick auf das sinkende Vertrauen in die Plattformökonomie und, drittens, anhand des sich verschiebenden Verhältnisses zwischen den analogen und digitalen Touchpoints im Kundenkontakt.

1. Markenloyalität: Ethos schlägt Lifestyle

Die Pandemie teilt unsere Konsumgewohnheiten in vorher und nachher: Ich kann mich jedenfalls an kein Ereignis erinnern, das unseren gesamten „Lifestyle" in so kurzer Zeit jemals derartig auf den Kopf gestellt hat. Das bestätigt eine aktuelle Studie des Marktforschungsinstituts GfK und der Münchner Werbeagentur Serviceplan. Laut dieser Studie verändern aktuell 83 Prozent der Consumer ihr Konsumverhalten, entscheiden sich für andere Marken und verschieben damit Marktanteile um bis zu mehr als einem Drittel. Insgesamt beläuft sich die Markenloyalität der Kunden nur noch auf 40 Prozent. Damit ist sie im Vergleich zum Jahr 1989 um 30 Prozent gesunken und hat den niedrigsten Stand seit 30 Jahren erreicht.

Verblüffend. Denn sagt das klassische Marketing uns nicht, Brands wirkten in einer unsicheren oder sogar verwirrenden Welt als wichtige Orientierungspunkte? Hätten sich verunsicherte Consumer dann nicht eigentlich noch enger an ihre Marken binden müssen? Sie haben es nicht getan. Und das zeigt meinem Eindruck nach, dass wir es derzeit nicht nur mit einem Shift innerhalb der individuell relevanten Markensets zu tun haben. Sondern mit einer neuen Qualität unseres Fensterrahmens: Es geht nicht nur um den Shift auf andere Marken, sondern um einen Shift weg vom Thema Brand Love.

Das heißt für die Markenkommunikation rund um Servicethemen:

— Consumer definieren den Fokus: Sah der Kunde sich früher als Fan einer bestimmten Marke, so wünscht er sich heute eine Marke als Tool und Zeichen in seinem Kampf für eine bessere Welt. Orientierungspunkt ist damit nicht mehr die Marke selbst. Maßstab ist die Orientierung des Kunden. Sein Engagement. Seine Haltung. Sein Ethos. Will eine Marke für ihre Consumer relevant bleiben, muss sie auf die Definition des Shifting Windows durch ihre Consumer reagieren – nicht mehr nur andersherum.

— Circular Economy statt Conversions: Die Vorstellung eines trichterförmigen Marketing-Funnels vom ersten Kundenkontakt bis zum Kaufabschluss stammt aus dem Jahr 1898 und gehört nun endgültig zum alten Eisen. Es kann heute nicht mehr nur um „Conversions" gehen. Wir brauchen den Schritt hin zur „Circular Economy", und das heißt: Denken in Kreisläufen. Die Themen Recycling und Reparatur, konkret also das Zurückbringen, Aufarbeiten und Umarbeiten von Produkten und Rohstoffen, bringen Unternehmen neue Touchpoints und verlängern die Customer Journey in Bereiche, die bisher brach lagen. Hier ist der Ort, an dem Unternehmen ihr Ethos in konkretes Handeln umsetzen – und das auch so kommunizieren können. Angesichts der erodierenden Markenbindung sogar: müssen.

2. Vertrauen: Die Plattformökonomie ist angekratzt

In den vergangenen 18 Monaten haben immer mehr Bestellplattformen in Verbindung mit fixen Fahrradkurieren versucht, das Window rund um den Restaurantbesuch und den täglichen Einkauf zu verschieben. An sich eine gute Idee – doch etliche dieser Services laufen nicht rund. Waren kommen zu spät oder gar nicht an, immer wieder streiken Kuriere für bessere Arbeitsbedingungen. Ich meine: Wer fliegende Einkaufswagen per Klick verspricht, kann sich Bruchlandungen nicht leisten. Expansion ist nicht alles. Ein Shifting Window wird nicht von Umsätzen oder Börsenwerten bewegt, sondern von Service, der alle begeistert – Mitarbeiter und Kunden.

Unter gravierenden Imageproblem ächzen zunehmend auch Mega-Netzwerke. Im Oktober 2021 gingen gleich zwei wegen technischer Probleme mehrfach offline. Gleichzeitig meldete sich eine Whistleblowerin mit massiver Kritik zu Wort. Schon vermuten Experten, dass sich die großen Social-Media-Plattformen nun Schritt für Schritt in die Riege der Unternehmen einreihen, die ihren moralischen Kredit bereits weitgehend verspielt haben – siehe Tabakindustrie.

Das heißt für die Organisation, die Kommunikation und den Vertrieb von Services:

- Fairness first: Consumer legen zunehmend Wert auf ökologische und auf soziale Verantwortung ihrer Lieblings-Companys. Und das bezieht sich auf die Arbeitsbedingungen in Fernost genauso wie auf die in Berlin-Mitte. Wenn sich Start-ups erfolgreich aufstellen und Service-Windows verschieben, heißt das noch lange nicht, dass sich das Window rund um den Respekt gegenüber Mitarbeitenden ebenfalls verschiebt. Unternehmenskultur ist kein Nice-to-have, sondern ein knallharter Faktor im Business. Ich sage: Was innen nicht glänzt, kann außen nicht funkeln.
- Daten zurückholen ins eigene Haus: Digitale Plattformökonomie öffnet einerseits neue Businesswelten, bleibt aber technisch und politisch immer hoch irritierbar. Wenn Plattformen offline gehen, bedeutet das für die dort handelnden Unternehmen empfindliche Umsatzeinbußen. Gehen sie komplett offline, sind außerdem die Kundendaten weg. Wer Service zukunftsfähig machen will, muss relevante Touchpoints, Kommunikationskanäle und Kundendaten immer auch in der eigenen Hand halten.

3. Begegnungsqualität: Security ist das neue Willkommen

Das dritte Window, das sich meiner Einschätzung nach derzeit massiv verschiebt, ist der Stellenwert des analogen Unternehmens in Bezug zu seinem virtuellen Zwillingsbruder. Waren viele Unternehmen – Dienstleister im Mittelstand, Hotels, Restaurants, Museen – vor den Pandemiemonaten häufig noch auf einen ersten Kundenkontakt an der eigenen Rezeption eingestellt, so hat sich dieser Erstkontakt heute komplett ins Netz verlagert. Ganz selbstverständlich buchen und zahlen wir heute Tickets und Time Slots digital. Damit verändert sich die Begegnungsqualität in der realen Welt: Statt des strahlenden Lächelns eines exzellent geschulten Serviceteams begrüßt uns immer häufiger eine grimmige Security-Mannschaft.

Das bedeutet für die Begegnungsqualität im Netz und am Point of Sale:

— Die Customer Journey beginnt klar im Netz: Vor allem Unternehmen aus tradierten Geschäftsmodellen sollten, so meine ich, einen noch viel größeren Fokus auf ihre digitalen Kundenschnittstellen legen. Diese Schnittstellen befinden sich eben nicht nur auf der eigenen Website, sondern auf allen relevanten Social-Media-Kanälen, auf Kundenbewertungsportalen und auf allen – wird gerne mal vergessen – Kartendiensten wie Google Maps. Es scheint so klar, ist aber immer noch nicht überall angekommen: Über alle diese Wege möchte man Sie so einfach wie möglich finden, buchen und auch bezahlen können.

— Sicherheit und Freundlichkeit schließen sich nicht aus: Kein Customer möchte nach einer Online-Buchung voll Vorfreude in Ihrem Unternehmen eintreffen und dann mit dem Charme einer Grenzkontrolle abgefertigt werden. Gerade an dieser Stelle müssen wir sehr viel nachschulen, um Klarheit mit Sensibilität neu und sinnvoll zu verbinden. Der erste reale Kundenkontakt hat jede Menge Potenzial – als besonders schöner „Menschmoment“ oder als Vollkatastrophe. Beides teilen Customer heute gerne und sofort über Social Media.

Fazit: Wenn es um Shifting Windows im Service geht, stehen Unternehmen vor einer doppelten Herausforderung: Die eine bezieht sich darauf, die Shifts der relevanten Windows immer wieder mitzugehen oder ihnen besser noch vorauszugehen. Wir müssen also unsere Kunden und ihre mentalen Fenster zur Welt noch viel genauer beobachten, viel konkreter nachfragen, viel intensiver nachspüren.

Die andere Herausforderung hat der US-amerikanische Schriftsteller F. Scott Fitzgerald einmal so auf den Punkt gebracht: „Erstklassige Intelligenz“, so schreibt er, „ist die Fähigkeit, zwei gegensätzliche Ideen gleichzeitig im Kopf zu haben, und trotzdem handlungsfähig zu sein.“ Es bleibt uns in der heutigen Zeit nichts anderes übrig, als immer mitzudenken, dass unser Window schon morgen nicht nur woanders stehen, sondern auch ganz verschwunden oder völlig verändert sein kann. Wenn uns das gelingt, blicken wir mit unseren Services auch in Zukunft nicht in die Röhre – sondern finden immer wieder neue Perspektiven. Nach den Erfahrungen der vergangenen Monate werden es möglicherweise solche sein, die wir uns heute noch überhaupt nicht vorstellen können.

SABINE HÜBNER

Sabine Hübner ist die Service-Performance-Beraterin der Top-Player in der DACH-Region. Kundenbegeisterung ist ihr Herzensthema. Wie wohl keine zweite fühlt Sabine Hübner den Servicepuls der Zeit und weiß, welche Servicethemen Kunden wirklich bewegen. Sie begegnet den immer schnelleren Veränderungen in der Servicewelt mit intelligenten Servicekonzepten. Mit ihrer Beratungsagentur forwardservice unterstützt sie Unternehmen, sich für ihre Kunden immer wieder neu zu erfinden. Den Fokus richtet sie dabei auf das Herz der Companys: ihre Servicehaltung. Denn nur mit der richtigen Haltung wird Service-Innovation nachhaltig erfolgreich. Sabine Hübner erfindet sich auch selbst immer wieder neu. Sie inspiriert als erfolgreiche Vortragsrednerin, Unternehmerin und Business-Influencerin.

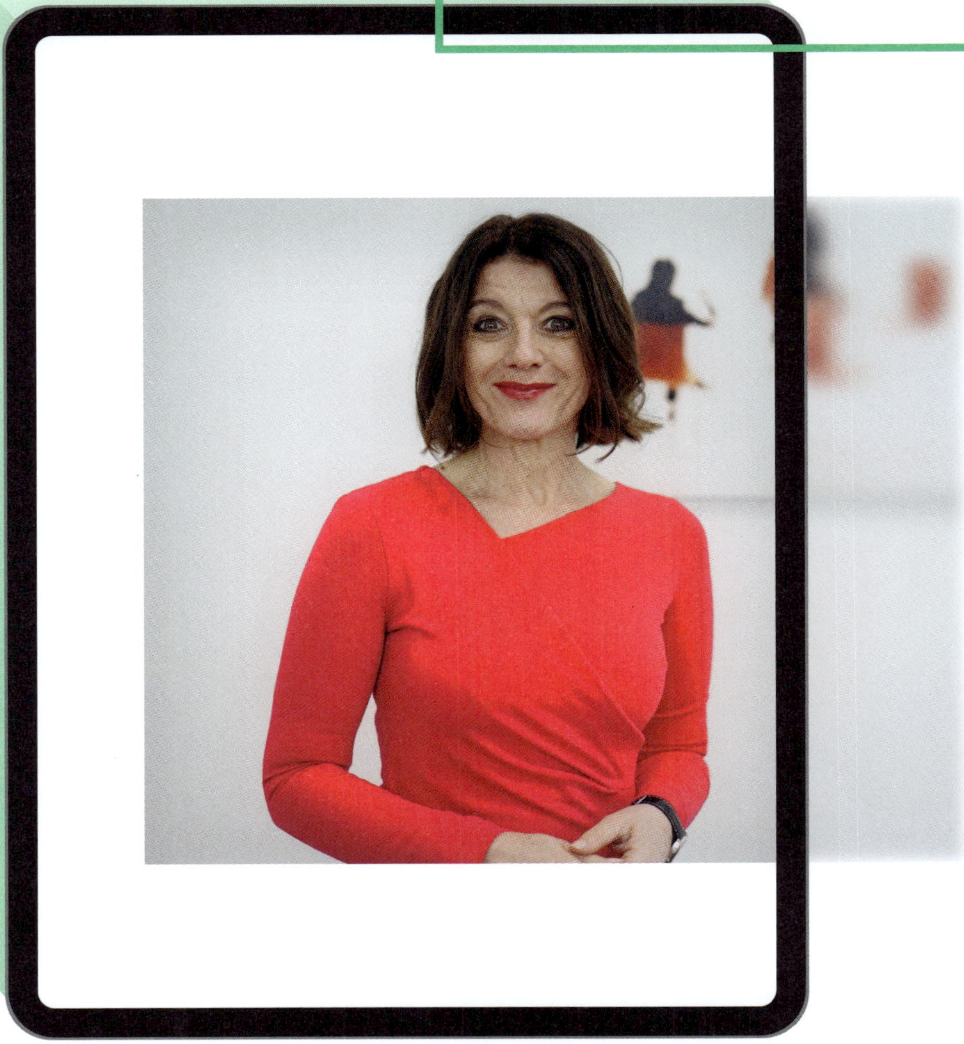

MOVE OR DIE

Wie sich Wirtschaftsunternehmen verändern müssen, um zu überleben

SEBASTIAN KLAUKE

Den Mut, Neues auszuprobieren und dabei auch selbst ins unternehmerische Risiko zu gehen, hat Sebastian Klauke bereits 2010 mit der Gründung von Autoda.de bewiesen, dem ersten deutschen Online Shop für Gebrauchtwagen. Nachdem der Diplom-Physiker die Plattform erfolgreich aufgebaut hatte, verkaufte er sie einige Jahre später an den Wettbewerber MeinAuto. Anschließend gab er seine Erfahrungen als Unternehmer in beratender Funktion an Start-ups und Konzerne weiter. Damit ist der ausgewiesene Digitalexperte ein erfolgreicher Brückenbauer zwischen etablierten Unternehmenskonzepten und digitalen Geschäftsmodellen. 2017 wurde er zum Chief Digital Officer der Otto Group berufen; seit Mai 2019 ist er Mitglied des Konzernvorstands.

Die Otto Group ging Ende der 90er-Jahre mit ihrem Katalogversand-Sortiment ins Internet – zu einer Zeit, als viele dies noch belächelten. Der Mut und die Vision machten sich jedoch mehr als bezahlt. Während andere große Versandunternehmen verschwanden, schaffte Otto Superlative – und mit About You den Sprung in den Deutschen SDAX. Sebastian Klauke, Vorstand für den Bereich E-Commerce, Technologie, Business Intelligence und Corporate Ventures, gibt Einblick in die Faktoren, die den Wandel innerhalb des Traditionsunternehmens ermöglichten.

„Stillstand ist Rückschritt." Dieses, dem einstigen Topmanager Rudolf von Bennigsen-Foerder zugeschriebene Zitat gilt heute mehr denn je. Denn jene Unternehmen, die heute in ihrer Entwicklung stillstehen, wird es morgen möglicherweise gar nicht mehr geben. Auch wir als Otto Group sind nur deshalb noch da, als weltweit einziges aus der einst großen Gruppe erfolgreicher Katalogversandunternehmen, weil es uns gelungen ist, uns als Unternehmen immer wieder neu zu erfinden. Und wir sind weiterhin mittendrin, das immer wieder zu versuchen. Ich möchte daher im Folgenden vier Gedanken zum Warum und Wie des Sich-neu-Erfindens am Beispiel unseres Unternehmens erläutern.

#1

Fantasie für die Möglichkeiten zulassen

Bereits im Jahr 1997 war das gesamte Warenangebot aus dem OTTO-Katalog im Internet verfügbar. Den Impuls dafür hatte der heutige Aufsichtsratsvorsitzende und damalige CEO der Otto Group Prof. Dr. Michael Otto gegeben, der früh das Veränderungspotenzial des Internets für den Handel erahnte und deshalb ab Mitte der 90er-Jahre dafür sorgte, dass Otto seine Produkte auch online anbot. Es sollte von da an natürlich noch etliche Jahre dauern, bis der Online-Handel erstmals einen nennenswerten Beitrag zu Umsatz und Gewinn lieferte. Und man erzählt sich auch (ich selbst bereitete mich damals noch auf mein Abitur vor und falle als Zeitzeuge aus), dass der eine oder andere erfolgreiche Katalog-Manager die digitalen Spielereien als unnütze Geldverschwendung angesehen haben soll.

Gerade darum geht es mir mit diesem Beispiel: Neue Technologien und Geschäftsmodelle gedeihen in etablierten, erfolgreichen Unternehmen dann am besten, wenn jemand früh ihre Möglichkeiten sieht und es Raum zum Ausprobieren, Lernen und Wachsen gibt. Zu früh dran zu sein ist fast unmöglich. Denn es ist für eine große Organisation viel einfacher, etwas Neues zwar mit Ernsthaftigkeit, aber eben auch mit einer gewissen spielerischen Fantasie auszuprobieren, als unter hohem Druck schnell adaptieren zu müssen, weil das Neue bereits eine hohe Relevanz im Markt hat.

Zumindest in unserer Industrie sind die Zeiträume, die neue Technologien brauchen, um wirtschaftlich relevant zu werden, seitdem deutlich kürzer geworden. Umso wichtiger ist es, ganz bewusst Freiräume zu schaffen, in denen Platz für Fantasie, Spielereien und Experimente ist – denn morgen sind diese möglicherweise schon relevante Wettbewerbsfaktoren.

Auf die Kunden hören #2

Die beschriebene Fantasie ist eine unabdingbare Zutat für das erfolgreiche Neu-Erfinden. Sie allein genügt aber nicht. Zusätzlich braucht es einen Maßstab, um immer wieder konstruktiv-kritisch zu beurteilen, welche Fantasien weiteren Freiraum verdienen und welche wohl keine Chance haben werden, jemals über das Experimentierstadium hinauszuwachsen. Diesen Maßstab finden wir in unseren Kunden. Was von ihnen angenommen und geschätzt wird, verdient es, weiterentwickelt zu werden.

Dieser Ansatz findet sich zum Beispiel in der Erfolgsgeschichte von About You wieder, einer der am schnellsten wachsenden E-Commerce-Firmen Europas. About You wurde 2014 unter dem Dach der Otto Group gegründet. Schon 2018 war das Fashion- und Tech-Unternehmen Hamburgs erstes Unicorn, also mit mehr als einer Milliarde Euro bewertet. Und sieben Jahre nach Gründung erfolgte 2021 der erfolgreiche Gang an die Börse. Inzwischen wird About You bereits im SDAX gelistet.

Aber warum ist About You in einem vermeintlich sehr gesättigten Fashion-Markt so erfolgreich? Ein wichtiger Grund ist, dass das Geschäftsmodell und viele Features und Angebote mit einem kompromisslosen Blick auf die Wünsche und Bedürfnisse der Kunden entwickelt werden. Im Ergebnis spricht wohl kaum ein anderer Modeanbieter im E-Commerce die Kundschaft so persönlich und inspirierend an. About You hat den Modehandel im Internet tatsächlich ein Stück weit neu erfunden und sich damit einen bedeutenden Teil eines Marktes erschlossen, der eigentlich längst als größtenteils aufgeteilt galt.

#3

Die eigene Begrenztheit überwinden

Woher kommen eigentlich die Ideen, deren Möglichkeiten man ausprobieren und anhand ihrer Resonanz beim Kunden weiterentwickeln kann? Ich bin überzeugt, dass man die Ideen-Pipeline zwingend immer wieder mit dem Blick nach draußen auffüllen muss. Großen Unternehmen fällt das erfahrungsgemäß nicht immer leicht. Denn wir sind doch ganz bestimmt für unsere Kunden und unser Geschäftsmodell die allerbesten Experten, oder etwa nicht? Unser Unternehmen ist da keine Ausnahme – auch wir tappen immer wieder in die Falle, nicht über die Grenzen des eigenen Erfahrungsgefängnisses hinausdenken zu können.

Als Korrektiv dazu hilft es uns bei der Otto Group, dass wir vor über zehn Jahren als Gründungs- und Ankerinvestor bei Headline, ehemals e.ventures, und Project A eingestiegen sind, zwei Venture-Capital (VC)-Unternehmen. Beide beobachten qua Geschäftsmodell, welche internationalen Start-ups mit welchen Geschäftsmodellen an den Markt gehen, und investieren in die besonders Erfolg versprechenden dieser jungen Unternehmen.

Natürlich profitieren wir als Otto Group von diesen Investitionen finanziell. Mindestens genauso wichtig ist für uns aber der stetige Austausch mit beiden Unternehmen, weil wir wichtige Impulse erhalten und sehr schnell auf neue Technologien, Geschäftsmodelle und Kundenverhaltensweisen aufmerksam gemacht werden.

Eines möchte ich dabei jedoch ausdrücklich betonen: Ein solches Modell funktioniert meiner Erfahrung nach nur dann, wenn das jeweilige Venture-Capital-Unternehmen größtmögliche Freiheit genießt – und eben gerade nicht der ständigen Kontrolle des großen Konzerns im Hintergrund unterliegt. Wir sind stolz darauf, in den aktuellen Fonds-Generationen jeweils nur einer von vielen, namhaften Investoren zu sein, und wir legen Wert darauf, keinerlei Einfluss auf die Auswahl der Investments zu haben. Deshalb ist es – anders als bei vielen Corporate-VC-Engagements – auch nicht unser Ziel, Start-ups aus den VC-Portfolien frühzeitig übernehmen zu können. Denn nur durch diese Unabhängigkeit ist sichergestellt, dass Headline und Project A von den besten Start-up-Teams als relevante Investoren angesehen werden. Paradoxerweise ist also gerade der Verzicht auf Kontrolle der wichtigste Erfolgsfaktor als Corporate Player im Venture-Capital-Geschäft.

„Es ist wichtig, ganz bewusst Freiräume zu schaffen, in denen Platz für Fantasie, Spielereien und Experimente ist – denn morgen sind diese möglicherweise schon relevante Wettbewerbsfaktoren."

#4

It's the culture, stupid!

Der Anspruch, sich neu zu erfinden, ist für jede größere Organisation immer auch eine Zumutung und Belastung, auch und vielleicht sogar ganz besonders für sehr erfolgreiche Unternehmen. Um trotzdem fähig zum Wandel zu sein, ist es unabdingbar, an der eigenen Kultur zu arbeiten. Also an Haltung, Mindset, Kommunikation. Nicht nur in den Führungsetagen, sondern unter allen Mitarbeitern.

Zu diesem Zweck haben wir bei der Otto Group vor mehr als fünf Jahren unter dem Titel „Kulturwandel 4.0" einen Prozess initiiert, der den wohl radikalsten Change-Prozess unserer Geschichte darstellt. Wir nehmen dabei sehr konsequent den Veränderungsbedarf auf allen Hierarchieebenen und im Verhalten von Führungskräften, den Vorstand eingeschlossen, in den Blick. Das Ziel ist eine partizipative Kommunikation auf Augenhöhe, um die Kompetenzen und Stärken von Mitarbeitern dort einzusetzen, wo sie den größten Nutzen bringen. Wir wollen sehr bewusst neue Freiräume und Entwicklungsmöglichkeiten schaffen.

Denn wir brauchen gut ausgebildete, überdurchschnittlich motivierte und auch risikofreudige Menschen als Treiber des Wandels, die mit Selbstbewusstsein und Vertrauen das Bewährte immer wieder hinterfragen. Diese langfristig an die Otto Group zu binden gelingt nur dann, wenn wir dauerhaft spannende Aufgabenfelder bieten, wenn wir unsere eigenen Prozesse infrage stellen, wenn wir schnell und mutig sind. Das gelingt uns immer besser; gleichzeitig ist der Kulturwandel 4.0 jedoch kein Projekt, das irgendwann zum Abschluss gelangt. Vielmehr sprechen wir über einen unumkehrbaren Prozess als Grundlage für das langfristige Bestehen.

Fazit

Die Welt ist im Wandel. Veränderungen erfolgen in nie dagewesener Geschwindigkeit. Darum ist die Fähigkeit, sich selbst zu wandeln, einer der wichtigsten Faktoren für den nachhaltigen Erfolg von Unternehmen in unserer Zeit. Fantasie, Kundennähe, eine echte Außenperspektive und nicht zuletzt die Arbeit an der eigenen Kultur können einen Beitrag leisten, diese Herausforderung zu meistern.

Bleibt alles ANDE

Entwicklung durch Wandel

RS

Was macht erfolgreiche Unternehmer aus? Sie spüren reine Vorfreude, wenn es darum geht, etwas zu verändern, ist sich Carsten K. Rath sicher. Doch mit einer einmaligen Maßnahme ist es nicht getan: Weiterentwicklung und Neu-Inszenierung müssen täglich aufs Neue vorangetrieben und gelebt werden. Dafür braucht es in Unternehmen mehr Offenheit, Mut und Kreativität.

CARSTEN K. RATH

„Die Erfahrung eines Menschen steckt in den Geschichten, die er erlebt hat", ist Carsten K. Rath überzeugt. Und Geschichten hat er in über 30 Jahren Erfahrung in der Hospitality Branche gesammelt. Es sei ihm „nichts Menschliches mehr fremd", so Rath. In seiner Zeit als Grand Hotelier hat er Luxushotels wie das Adlon Kempinski, das Ritz Carlton in Naples und die Lifestyle-Marke der Kameha Hotels in Bonn, Zürich und Frankfurt eröffnet. Heute vermittelt er sein Wissen über Service Excellence und Leadership als Unternehmensberater, Keynote-Speaker, Buchautor und Hochschuldozent. Seit 2020 initiiert er unter der Trägerschaft des Instituts for Service- and Leadership Excellence „Die 101 besten Hotels Deutschlands". (www.die-101-besten.com/)

Das Streben nach einem „New Normal“ schwebt wie ein Damoklesschwert über den Köpfen aller Branchen. Doch was ist überhaupt „new“ und was in diesen Zeiten noch „normal“? Geprägt durch die Covid-19-Pandemie hinterfragen seit 2020 bis dato erfolgreiche Unternehmer und Konzerne ihr wirtschaftliches Leitbild. Krisen, so verheerend sie sich auch auswirken können, sorgen in letzter Konsequenz für Fortschritt. Und zwar immer. Denn sie legen seit jeher erfinderische, meist völlig ungenutzte Potenziale frei. Denken Sie nur an César Ritz, den Erfinder der Grand-Hotellerie, der als erster Elektrizität in den Zimmern im Ritz in Paris ermöglichte. Im Savoy in London löste der Schweizer Visionär den Paternoster durch moderne Aufzüge ab. Oder denken Sie an Lorenz Adlon, der im Hotel Adlon Kempinski als erster warmes und kaltes Wasser in die Badewannen fließen ließ. Kaiser Wilhelm II. erlebte einem Gerücht nach im Adlon sogar sein erstes Bad. All diese Innovationen wurden später in anderen Bereichen der Gesellschaft umgesetzt und gelten heute als selbstverständlich.

Die Veränderung und Neu-Inszenierung im Business-Kontext trägt viele Namen: Re-Strukturierung, Re-Invent, Re-Launch, um nur einige von ihnen zu nennen. Doch die genannten Beispiele aus der Luxus-Hotellerie gehen weit über ein krisengetriebenes One-Hit-Wonder hinaus. Sie unterscheiden sich von Erfindungen, die rein aus der Not geboren wurden, durch einen unscheinbaren und doch essenziellen Faktor: Den Hoteliers der damaligen Zeit lag das Streben nach Neuem, Besserem, Innovativem in ihrer Unternehmer-DNA. Sie überschritten die Grenzen, die ihnen die Gesellschaft und das wirtschaftliche Umfeld vorgaben, immer und immer wieder. Sie scheuten weder Konfrontation noch ließen sie sich durch Wahrscheinlichkeiten von Erfolg und Misserfolg von ihrem Weg abbringen. Erst recht nicht durch starre Hierarchiekonstrukte oder den „Das haben wir schon immer so gemacht“-Floskeln ihrer Unternehmerkollegen.

Re-Invent ist keine Eintagsfliege

Wandel und Wachstum. Welche Emotionen melden sich bei Ihnen, wenn Sie diese Worte lesen? Unbehagen? Kreative Schockstarre oder vielleicht sogar Angst? Nun, genau jetzt haben Sie den Unterschied, für den ich Sie sensibilisieren möchte, für einen kurzen Augenblick selbst erfahren. Erfolgreiche Unternehmer spüren reine Vorfreude, wenn es darum geht, etwas zu verändern. Ich spreche hier aus eigener Erfahrung. Ich bin davon überzeugt, dass Re-Invent oder wie auch immer Sie Ihr Wachstum betiteln, ein tägliches Doing sein sollte. Ein fester Bestandteil Ihrer Routine. Nun wäre es zu viel verlangt, wenn Sie das Rad stets neu erfinden sollen. Darum geht es auch nicht. Vielmehr zeichnen sich erfolgreiche Unternehmen und Teams durch Begeisterung und Offenheit aus. Re-Invent ist keine Eintagsfliege. Wer das nicht begreift und nicht täglich aufs Neue lebt, wird seinen Konkurrenten immer drei Schritte hinterherhinken.

Ganz gleich, in welcher Branche Sie tätig sind, am Ende entscheidet ein einziger Faktor über Erfolg oder Misserfolg: die Zufriedenheit, die Begeisterung des Kunden. Doch wie erfüllen Sie die Wünsche Ihres Kunden adäquat, wenn sich dieser selbst noch unsicher ist, was er möchte? Oder sich wankelmütig mehrmals umentscheidet? Ganz einfach: Bleiben Sie flexibel. Gerade im Bereich Hospitality gehört Flexibilität zum Alltagsdenken

„Ein Re-Invent kann die Weichen aus den zu eng gefassten Denkmustern neu stellen und die hierarchische Spreu vom agilen Weizen wirklich trennen.“

und -handeln dazu. Ich berate seit vielen Jahren Kunden verschiedenster Couleur: sterngekrönte Spitzenköche, die sich mit kreativen Finessen auf den Tellern in die Herzen ihrer Gäste kochen. Teams von Kreuzfahrtschiffen, die ihre Urlauber über die sieben Weltmeere fahren und ein wellenbrechendes Erlebnis kreieren wollen. Auch Kliniken und Altenheime zählen zu meinen Klienten. Die Gesundheitsbranche entwickelt sich mehr und mehr weg von einer reinen gesundheitlichen Dienstleistungsmaschinerie hin zum Serviceanbieter. Diese ausgewählten Beispiele verdeutlichen die Vielfalt der Hospitality-Branche. Ein Konzept von der Stange hält den differenzierten Bedürfnissen dieser Kunden nicht Stand. Nur ein ganzheitlich geplantes Re-Invent kann zum Erfolg führen – halbgare Maßnahmen hingegen ersticken jegliche Weiterentwicklung im Keim und würden somit auch das Ende der Marktführerschaft bedeuten.

Die zwei Säulen des unternehmerischen Erfolgs

Ich sehe die für meinen Geschmack zu zögerlichen Change-Bestrebungen der aktuellen Zeit als große Chance. Als Chance für die Freiheit in Unternehmen. Ausführlich schreibe ich darüber in meinem Buch „Ohne Freiheit ist Führung nur ein F-Wort.“ Doch lassen Sie mich dies näher zusammenfassen. Jedes Unternehmen fußt vereinfacht gesagt auf zwei Säulen: dem Produkt und der Haltung. Wenn das Produkt eine Lösung für ein vorangegangenes Kundenproblem offeriert, steht Ihr Unternehmen bereits sicher auf einem Bein. Zumindest auf der Fußspitze. Das beste Produkt ist, wie Sie wissen, noch lange keine Erfolgsgarantie. Nämlich dann, wenn die einzelnen Stellschrauben in einem überdimensionierten Prozessapparat nur langsam ineinander greifen, nicht auf kurzfristige Anfragen und Situationen reagieren können und im Falle einer Krise nicht handlungsfähig bleiben. Ihnen fehlt außerdem die stützende Ferse dieser ersten Säule, wenn Sie keine kreativen Ressourcen für den kontinuierlichen Weiterentwicklungsprozess zur Verfügung stellen. Sie haben sicher schon festgestellt, dass sich Produkte immer mehr angleichen. Ein iPhone von Apple, einst die Design-Ikone des technischen Zeitalters, findet sich als Design-Kopie mittlerweile in den Smartphones günstigerer Anbieter wieder. Eine katastrophale Entwicklung aus Unternehmersicht. Wenn ein Konkurrent einzelne Ideen von Ihnen via Copy and Paste auf den Markt bringen kann, bedeutet das eines ganz sicher: Ihr Zug ist ohne Sie weitergefahren, Sie sitzen nicht mehr am Steuer. Übrigens: Entgegen der landläufigen Meinung entscheiden nicht Sie, wie und ob es an der Zeit ist, Ihr Produkt zu verbessern, sondern Ihre Kunden. Clevere Unternehmen haben dies seit Langem erkannt und arbeiten im direkten Austausch mit ihren definierten Peergroups und auch medienrelevanten Influencern aus ihrer Zielgruppe bei den Produktentwicklungen zusammen.

Welches ist nun die zweite Säule, die Sie aus dem Mittelmaß herauskatapultiert und erneut konkurrenzfähig macht? Die Antwort ist so schlicht wie herausfordernd: Es ist die Haltung. Ihre Haltung gegenüber Ihren Kunden. Die Motivation Ihrer Mitarbeiter und zu guter Letzt die gesamte Attitüde Ihres Unternehmens. Das „Wie“, also die Art und Weise, wie Sie Prozesse umsetzen, wie Sie sich auf dem Markt präsentieren und wie Sie mit Ihren Kunden kommunizieren, ist der Faktor, der den entscheidenden Unterschied ausmacht.

„Erfolgreiche Unternehmen der Zukunft verzichten auf kräftezehrende Stop-Start-Mechanismen und transformieren ihre gesamte Kultur in ein Floating-System.“

Mehr Offenheit und Kreativität wagen

Gerade in den Jahren 2020 und 2021 habe ich beobachtet, wie sich die Führungskräfte der Human-Resources-Abteilungen großer Konzerne an Konzeptpapieren zum unternehmensinternen „Cultural Change" versuchten. Doch der Anblick derartiger „10-Punkte unserer Unternehmensphilosophie"-Papiere entlockt mir höchstens ein müdes Lächeln. Ihren Kollegen geht es sicher ähnlich. Solange der Unternehmensprozess alle Handlungen dominiert und jede noch so kleine Tätigkeit Ihrer Mitarbeiter kontrolliert, bleiben theoretische Change-Abhandlungen das, was sie sind: gedruckte, leere Worthülsen. Verbannt in die Schubladen mit der Aufschrift: „Für später, wenn etwas Luft ist".

Der Online-Gigant Amazon – so umstritten einzelne Handlungen auch sein mögen – macht doch vieles richtig: In jedem Meeting steht zum Beispiel ein leerer Stuhl. Auf diesem nimmt die Hauptperson einer jeden Zusammenkunft Platz, wenn auch nur imaginär: Es ist der Kunde. Was Ihnen auf den ersten Blick abstrus erscheinen mag, ist die gelebte Konsequenz auf die Frage: „Was können wir heute umsetzen, um auch diesen Tag erfolgreich abzuschließen?" Sie können sich stets auf den Kunden fokussieren, ihn einladen an Prozessen teilzuhaben, wenn auch nur fiktiv. Es ist nur ein kleiner Switch in der Denkweise. Doch der Erfolg von Amazon beweist, welche Auswirkungen darauf folgen. Die Bewerbungsprozesse bei Amazon zeigen einen weiteren Erfolgsfaktor auf, der im Übrigen schon seit Langem praktiziert wird: Jeder Bewerber führt Gespräche mit jeder Abteilung, mit der er potenziell zusammenarbeitet. Und zwar mit wirklich jeder. Kollaboration ist einer der Eckpfeiler in der Teamführung. Die alt bewährten Top-Down-Hierarchien, die gerade in Deutschland noch ums Überleben kämpfen, haben in US-amerikanischen und weltgewandten Firmen lange ausgedient. Wie sollen denn Ihre Mitarbeiter situativ auf Kundenbedürfnisse reagieren können, wenn Sie dafür erst fünf Instanzen überwinden müssen und keine Entscheidungsfreiheit haben?

Gleiches gilt für Führungskräfte: Ein starker Teamlead zeichnet sich dadurch aus, dass er schnelle Entscheidungen trifft, sein Team agil zusammenstellen kann und gleichzeitig die zeitlichen und budgetären Freiheiten für anstehende Veränderungen ausschöpft. Natürlich ist es nicht notwendig, dass der Kopf des Teams die Entscheidung fällt. Es ist entscheidend, DASS die Entscheidungswürfel fallen und dann auch umgesetzt werden. Ein Leader inspiriert, ermutigt, fördert und vertraut. Ein fehlendes Vertrauensverhältnis in den eigenen Reihen wird Ihnen auch in der Öffentlichkeit zum Verhängnis. Der Kunde spürt sie zu jeder Zeit, die Haltung, die Freude und die Begeisterung der Mitarbeiter. Dieser häufig in Unternehmen vorherrschende Engpass – der Mangel an Freiheit, der Mangel im kreativen, offenen Denken – muss überwunden werden. Ein Re-Invent kann die Weichen aus den zu eng gefassten Denkmustern neu stellen und die hierarchische Spreu vom agilen Weizen wirklich trennen.

Erfolgreiche Unternehmen der Zukunft verzichten auf kräftezehrende Stop-Start-Mechanismen und transformieren ihre gesamte Kultur in ein Floating-System. Also Prozesse, die sich immer wieder in sich selbst weiterentwickeln, dynamisch wachsen und allen Beteiligten Raum für Kreativität und Ideen schaffen. Wenn Sie nun denken „... ja, aber, bei uns ..." gehen Sie bitte an den Anfang des Artikels und lesen Sie ihn erneut. Denn es geht immer um alles.

Aus analog wird digital

Wie sich neue Einkaufserlebnisse kreieren lassen

In Millionen von Haushalten auf der ganzen Welt finden sich Produkte von Villeroy & Boch. Die hohe Bekanntheit des Traditionsunternehmens gilt es nun fürs digitale Zeitalter zu nutzen. Für Frank Göring, Vorstandsvorsitzender bei Villeroy & Boch, ist klar: Das geht nur, wenn man als Marke überall dort online vertreten ist, wo die Kundschaft es auch ist.

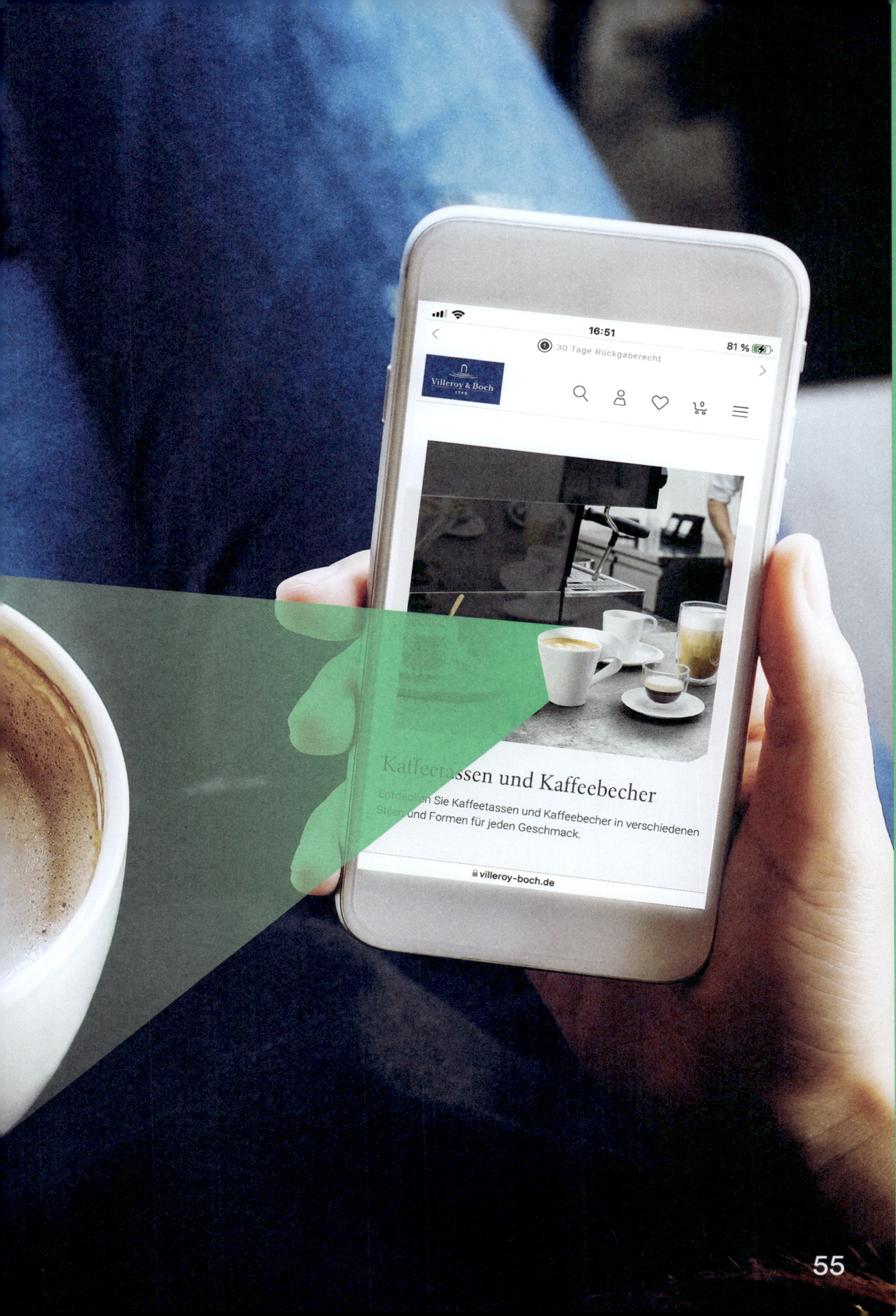
16:51
30 Tage Rückgaberecht
81 %
Villeroy & Boch
Kaffeetassen und Kaffeebecher
Entdecken Sie Kaffeetassen und Kaffeebecher in verschiedenen Stilen und Formen für jeden Geschmack.
villeroy-boch.de

Welche Auswirkungen hat die moderne Technik auf die Gesellschaft? Wie verwoben sind wir in unserem Alltag mit technischen Medien wie Smartphone, Computer & Co.? Mit Fragen wie diesen beschäftigt sich die britische Netflix-Serie „Black Mirror" schon seit 2011 und spricht damit nicht nur Science-Fiction-Fans an. Denn auch wenn die Handlungen der Serie fiktiv sind, wird der Bezug zur Wirklichkeit mehr als deutlich. Schon heute hat unser digitales Alltagsverhalten die Gesellschaft, ganze Geschäftsmodelle und Märkte radikal verändert. Während „Black Mirror" uns eine pessimistische, regelrecht düstere Zukunft ausmalt, bieten die tatsächlichen Veränderungen durch die Digitalisierung neben Risiken auch Chancen, die es zu ergreifen und verantwortungsvoll zu nutzen gilt.

Eine Branche, die sich aufgrund der digitalen Transformation derzeit neu erfinden muss, ist der Einzelhandel. Shopping, wie wir es heute kennen, ist kein Zukunftsmodell mehr. Das massive Wachstum des Online-Handels und die Dominanz von Versandhändlern wie Amazon hinterlassen ihre Spuren. Viele der großen Warenhäuser und Filialen verschwinden, ganze Stadtzentren sterben aus. Die Coronapandemie hat die Digitalisierung massiv beschleunigt und deutlicher denn je gezeigt, wie sich die Welt von heute auf morgen verändern kann. Villeroy & Boch musste während der Pandemie 400 Shops in 21 Ländern vorübergehend schließen. Beratung und Kauf vor Ort? Fehlanzeige. In der Konsequenz bedeutete das die verstärkte Verlagerung zum E-Commerce – und das nicht nur bei unserem Traditionsunternehmen. Coronabedingte Geschäftsschließungen und mehrere Lockdowns in vielen Ländern der Welt haben E-Commerce als Vertriebskanal insgesamt stark wachsen lassen. Vorteile hatten all diejenigen Unternehmen, die hier schon vor der Pandemie gut aufgestellt waren. Die positive Entwicklung der E-Commerce-Umsätze zeigt sich bei Villeroy & Boch schon seit Längerem, doch die stark digitale Ausrichtung unseres Geschäfts zahlt sich gerade jetzt umso mehr aus. Unsere Online-Umsätze sind in der Pandemie regelrecht hochgeschnellt: Die Menschen haben viel Zeit zu Hause verbracht und wollten es sich schön machen. Besonders deutlich wird diese Entwicklung im Unternehmensbereich Dining & Lifestyle, wo der Anteil des E-Commerce am Gesamtumsatz inzwischen rund ein Drittel ausmacht.

Zum einen forcieren wir das E-Commerce-Geschäft über unseren eigenen E-Shop, in dem das gesamte Sortiment präsentiert wird – so lässt sich die Bindung zu dem Kundenstamm, der regelmäßig unsere Produkte kauft, weiter stärken. Wachstum entsteht zudem über Plattformen und Handelspartner wie Amazon oder auch Macy's, die dabei nicht nur reine Verkaufskanäle sind, sondern besonders bei der Produktsuche im Shopping-Bereich Google mächtig Konkurrenz machen. Wir erreichen darüber Hunderte Millionen von Endkonsumenten und neue Zielgruppen.

Chancen durch die Digitalisierung bieten sich für die Vermarktung in Fülle: Wir haben unsere Strukturen und Investitionen in diesem Bereich in den vergangenen Jahren massiv erhöht und richten unsere Online-Aktivitäten darauf aus, unseren Kunden innovative und bedarfsgerechte Konzepte anzubieten, sowohl offline als auch online. Ziel ist es, überall dort vertreten zu sein, wo die Kunden uns suchen, und ein konsistentes Informations- und Einkaufserlebnis zu bieten.

Content is still King

Um von Konsumenten im Netz gefunden zu werden, braucht es in Zeiten der Digitalisierung aber auch ganz neue Arten und vor allem eine viel höhere Anzahl von Content Assets. Während früher der Fokus auf technischen Daten lag, müssen heute für ein Produkt unterschiedliche Bilder und Textbausteine erstellt werden, damit Kunden uns online überhaupt finden. Die Funktionen von Suchmaschinen und die Algorithmen von Plattformen ändern sich täglich, daher müssen auch unsere Inhalte ständig erweitert und erneuert werden. Würde man unsere Content-Produktion allein für Amazon in Bücher umrechnen, wären das über 1.000 Bücher. Und wir sprechen hier nicht von einem abgeschlossenen Projekt, sondern von einem Prozess, der uns auch in den kommenden Jahren weiter begleiten wird.

Ständig neuen und inspirierenden Content zu erstellen, den wir auf Social-Media-Kanälen wie Instagram, Pinterest oder WeChat (in China) veröffentlichen, ist heutzutage entscheidend, um zielgerichtet auf die Bedürfnisse der Kunden eingehen zu können. So versorgen wir unsere Follower kontinuierlich mit neuen Ideen und schaffen somit immer wieder neue Kaufanreize. Diese Kanäle sind über reines Entertainment hinaus zu einer Inspirations- und Planungsplattform geworden, auf der Villeroy & Boch als Marke immer präsent sein kann und muss.

FRANK GÖRING

Geschäftsmann war Frank Göring schon in seiner Studentenzeit: Zusammen mit Freunden führte er neben dem Studium der Betriebswirtschaftslehre mehrere Diskotheken und Clubs, in denen er sich auch als DJ einen Namen machte. Seither fasziniert es ihn, Kundenwünsche zu erkennen und die eigene Unternehmensstrategie darauf auszurichten. Bei Villeroy & Boch ist ihm das mit dem Transfer der Traditionsmarke in den E-Commerce gelungen. „Das klappt aber nur, wenn man überall dort online vertreten ist, wo es die Kundschaft auch ist“, ist der Vorstandsvorsitzende des Unternehmens überzeugt. Selbst als bekennender Fan der britischen Netflix-Serie „Black Mirror“ lässt er es nicht zu, dass sich deren düstere Zukunftsvisionen in seiner Realität widerspiegeln. Der Unternehmer begreift die Digitalisierung vor allem als Chance und nutzt ihre Möglichkeiten verantwortungsvoll, um neue Einkaufserlebnisse zu kreieren und sein Unternehmen erfolgreich in eine digitale Zukunft zu führen.

„Wir nutzen verstärkt Online-Marketing-Maßnahmen, um gezielt und mithilfe moderner Targeting-Ansätze neue Sortimente in der passenden Zielgruppe zu bewerben.“

Die dafür benötigten Bilder kreieren wir immer mehr computergestützt und erzeugen sogenannte Computer Generated Images, die man von klassischen Fotos nicht mehr unterscheiden kann. Im Badbereich ist mittlerweile unser kompletter Artikelbestand so digitalisiert, dass wir für unsere Kunden alle möglichen Artikelkombinationen in 3D erstellen und erlebbar machen können.

Nicht zuletzt bieten diese Social-Media-Angebote große Chancen, eine hohe Anzahl an Kontakten zu neuen Zielgruppen zu schaffen. Seit Kurzem sind wir auch auf TikTok mit einem eigenen Kanal vertreten. TikTok als Plattform mit Entertainment-Faktor, Inspiration und großer Reichweite bietet uns dabei die Möglichkeit, vor allem jüngere Menschen anzusprechen und früh für die Marke Villeroy & Boch zu begeistern. Für die ersten Kampagnen haben wir uns mit TikTok-Creatorn zusammengetan, um uns von Beginn an nativ und authentisch in der TikTok-Community zu präsentieren. Kreatives Storytelling passend zur Zielgruppe und mit einem Mehrwert für die Kunden der Zukunft.

Kundenbedürfnisse besser verstehen

Wir nutzen verstärkt Online-Marketing-Maßnahmen, um gezielt und mithilfe moderner Targeting-Ansätze neue Sortimente in der passenden Zielgruppe zu bewerben. Wesentlicher Bestandteil unserer Online-Strategie ist inzwischen auch die Aktivierung von Bestandskunden über Kanäle wie E-Mail-Marketing. Mit der Nutzung der cloudbasierten Omni-Channel- und CRM-Lösung Salesforce gehen wir einen weiteren Schritt in der Digitalisierung. Durch die Implementierung einer vollständig neuen technischen Plattform für unsere Online-Präsenz schaffen wir in den kommenden Jahren zusätzliche Möglichkeiten, um noch effektiver und zielgerichteter auf Neu- und Bestandskunden zugehen zu können. Unsere registrierten Kunden noch besser zu verstehen, um sie regelmäßig individuell und bedürfnisorientiert ansprechen zu können, ist dabei ein ganz wesentlicher Bestandteil. Welche Produktkategorien bevorzugen sie, zu welchen Anlässen kaufen sie? Denn wer möchte schon Newsletter mit Produkten erhalten, die einen nicht interessieren?

Digitales Marketing ist der wahr gewordene Traum aller Marketingleute: Früher musste man EINE Kernbotschaft, EIN Key Visual und Ähnliches kreieren und diese Inhalte über Kanäle mit hohen Streuverlusten kommunizieren. Heute können wir datenbasiert durch Targeting sehr genau unsere Zielgruppen erreichen und Tausende verschiedene Stilwelten oder Bilder zeigen. Rosa Plüsch-Bad, buntes Bad in der Altbauwohnung, luxuriöses Designbad für die Stadtvilla – das alles kann heute digital nebeneinander stattfinden, ohne sich gegenseitig zu stören.

Kaum jemand kauft heute noch ein mehrteiliges Service für eine große Personenanzahl, aber wir alle kaufen regelmäßig einzelne Geschirrteile, Deko-Elemente oder Geschenkartikel. Wenn wir einen Großteil der Haushalte digital erreichen und jeder auch nur vier Mal im Jahr einen kleinen Warenkorb bei uns bestellt, bedeutet das am Ende einen signifikanten Umsatz.

Digitale Services bieten Zusatznutzen

So nutzt Villeroy & Boch eine Reihe digitaler Tools, um die On-/Offline-Vernetzung stetig weiter auszubauen und die Customer Experience kontinuierlich zu verbessern. Darunter etwa die Einführung einer Händlersuche auf der eigenen Internetseite, die Umstellung auf digitale Partner-Newsletter sowie die Ausweitung des Angebots an virtuellen (Mitarbeiter-)Trainings, Messen und Events.

Für unseren Unternehmensbereich Dining & Lifestyle ist E-Commerce ein strategisch bedeutender und zugleich der am schnellsten wachsende Absatzkanal. Für die kommenden Jahre rechnen wir weiterhin mit überdurchschnittlichen Zuwachsraten im Online-Geschäft und gehen davon aus, dass sich dieser Vertriebskanal nachhaltig auf einem höheren Niveau etablieren wird. Im Geschäftsjahr 2020 konnten wir unsere Online-Umsätze im Vorjahresvergleich um über 46 Prozent steigern. Diese positive Entwicklung soll in den Folgejahren weiter forciert werden.

Im Unternehmensbereich Bad und Wellness spielen in erster Linie digitale Serviceangebote und -tools eine Rolle. Mit Anwendungen wie unserem Badplaner und Badinspirator sowie unserer Augmented Reality App können Verbraucher ihre Wunschbäder planen und die ausgewählten Produkte per Smartphone oder Tablet-PC in den dafür vorgesehenen Raum projizieren, um eine lebensechte dreidimensionale Darstellung zu erhalten. Der Einsatz neuer Technologien erzeugt somit einen Zusatznutzen für unsere Kunden – das ist vor allem auch deswegen so wichtig, weil wir bei einem Badezimmer von einem längeren Entscheidungsprozess und einem höheren Invest sprechen. Ein Bad bleibt im Schnitt gut 20 Jahre und kostet deutlich mehr als ein Geschirrservice, da muss man sich schon sicher sein in seiner Wahl.

Re-Invent als Teil der Unternehmensstrategie

Die Chancen der Digitalisierung zu nutzen, Prozesse neu zu denken und zu optimieren – das allein reicht nicht aus, um sich immer wieder neu zu erfinden und im Markt zu behaupten. Auch die Art und Weise, WIE man arbeitet, muss neu definiert werden. Aufgrund der Geschwindigkeit der Veränderungen durch die Digitalisierung werden neue Anforderungen an die viel zitierte „agile“ Organisation gestellt. Natürlich ist es teilweise die Technologie selbst, die einen Mehrwert bringt und uns Möglichkeiten eröffnet, die vor wenigen Jahren noch undenkbar waren. Vergleichen Sie nur die Flut an Daten und Informationen, die heute bereitstehen, um ein Unternehmen zu steuern. Der entscheidende Punkt ist aber, wie ich die Nutzung von Daten in meine tägliche Arbeit und Entscheidungsfindung einbinde. Die Technologie selbst ist kein Wettbewerbsvorteil, erfolgreiche Unternehmen der Zukunft schaffen es vor allem, diese Technologien für ihre Zwecke und im Sinne der Kunden intelligent zu nutzen und die Arbeits- und Denkweise ihrer Mitarbeiter darauf auszurichten.

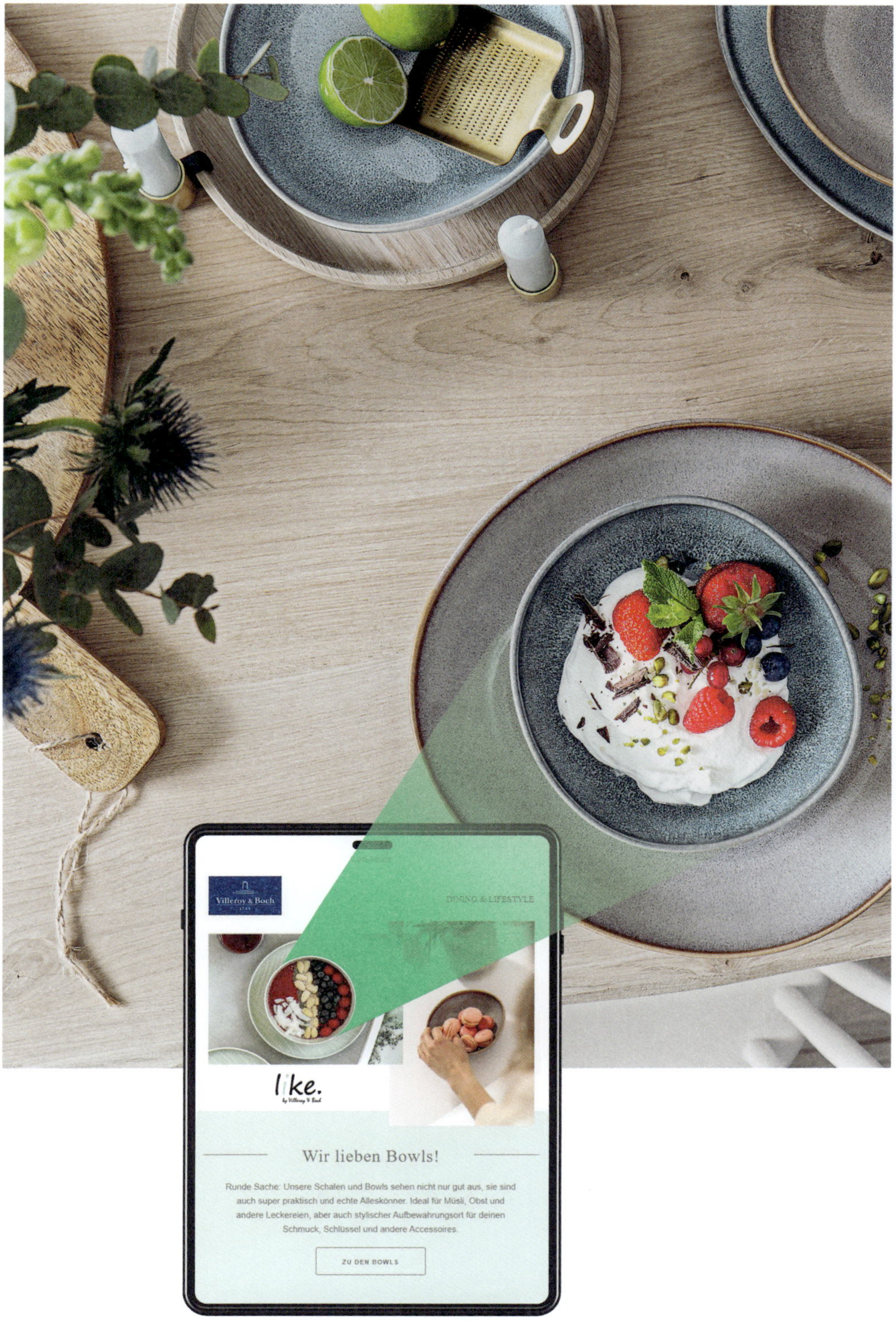
Villeroy & Boch
DINING & LIFESTYLE
like.
Wir lieben Bowls!
Runde Sache: Unsere Schalen und Bowls sehen nicht nur gut aus, sie sind auch super praktisch und echte Alleskönner. Ideal für Müsli, Obst und andere Leckereien, aber auch stylischer Aufbewahrungsort für deinen Schmuck, Schlüssel und andere Accessoires.
ZU DEN BOWLS

Das Publikum ist der Held!

Von Menschen, die Geschichte(n) schreiben

In Zeiten, in denen Informationen und Entertainment nur einen Fingerwisch entfernt sind, ringen Unternehmen wie Medienschaffende täglich um die Aufmerksamkeit ihrer Zielgruppen. Menschen mit Botschaften und Inhalten zu erreichen und immer wieder neu zu begeistern ist eine Herausforderung – selbst für gestandene Profis wie Susanne Gebhardt, Abteilungsleiterin Doku & Gesellschaft in der HA Doku beim SWR, und Event-Regisseur Chris Cuhls. Am Erfolg ihrer neu geschaffenen Formate zeigt sich, warum es sich mehr denn je empfiehlt, die Scheinwerfer auf das eigene Publikum zu richten.

Nur wenige Sekunden entscheiden heute darüber, ob Inhalte unser Interesse wecken oder dem plötzlichen Untergang geweiht sind.[1] Selbst Goldfischen wurde schon eine höhere Aufmerksamkeitsspanne nachgesagt: Von acht Sekunden[2] ist beim Menschen die Rede, und damit eine weniger als beim Wasserbewohner – der sich zudem schwerlich mit Reizen „überfluten“ lässt. Fest steht: Der (digitale) Medienkonsum nimmt drastisch zu[3] und folglich die Vielfalt der Inhalte, Kanäle und Konkurrenzangebote. In unserer Wahrnehmung verursacht dieser Trend ein Hintergrundrauschen, das längst alle Bereiche unseres Lebens erfasst hat. Wie bannen Event- und Medienmacher bei diesem „Pegel“ einerseits das Interesse ihres Publikums in Sekundenschnelle und verankern andererseits Wissen langfristig im Gedächtnis? Medienprofis wie SWR-Journalistin Susanne Gebhardt und Event-Regisseur Chris Cuhls wollen mit innovativen Formaten nicht nur informieren, sondern auch unterhalten und zum Nachdenken anregen. Idealerweise sorgen sie so auf lange Sicht für ein Umdenken, das zum Handeln anregt und notwendige Veränderungen nach sich zieht. Gebhardts Herausforderung: in Zeiten von „Fake News“ einen Bildungsauftrag umsetzen. Für Cuhls heißt es, auf Events – bei denen sich Menschen und Marken begegnen – für inhaltliche und emotionale Punktlandungen sorgen. Dafür stellen beide Bewährtes regelmäßig infrage, prüfen Ansprache und Formate auf Akzeptanz und Tauglichkeit – und sind stets wachsam auf ihrem Weg in neue Dimensionen der Kommunikation.

Es war einmal King Content – oder: The New Hero

„Relevanter Inhalt bewirkt Resonanz, das ändert sich nicht“, bestätigt Cuhls eine unter Medienschaffenden altbekannte Weisheit. Ausbaufähig: der Mut zur Kürze. Oft würden etwa auf Corporate Events zu viele Botschaften vermittelt, die den beabsichtigten Fokus verflüssigen, so der „Anwalt des Publikums“. Um beim Publikum konkretes Handeln hervorzurufen, setzt er daher bei seinen Veranstaltungen gezielt auf klare und reduzierte Inhalte. Nur das Wesentliche kommunizieren, über alle Mediengattungen und -kanäle hinweg, kurz: Relevanz vor Firlefanz. Um Inhalte erfolgreich zu vermitteln, sei zudem ein grundsätzlicher Perspektivwechsel notwendig: „Wer konsequent aus Sicht des Publikums denkt und handelt, für den bleiben Nutzerorientierung und Kundenzentrierung keine Buzzwords, sondern werden zum Selbstverständnis." Das gelte auch für das Schlagwort Storytelling. „If Content is King, Story is King Kong", bestätigt Cuhls ein bekanntes Credo moderner Kommunikation. Er selbst konzipiert Events zwar ebenfalls nach dem Story-Prinzip der klassischen „Heldenreise", interpretiert diese aber neu, indem er seinem Publikum die Hauptrolle zuschreibt – nicht dem CEO oder Experten, die beide eine andere Rolle einnehmen.

Ganze Filmreihen und Blogbuster wie „Star Wars" oder „Herr der Ringe" orientieren sich am Prinzip der „Hero's Journey", die schon in der griechischen Antike Homers Odyssee charakterisierten und die Drehbuchautor Christopher Vogler in Hollywood etablierte: Protagonisten durchleben nach einer Harmoniephase Konflikte, bestehen Prüfungen

„Wer konsequent aus Sicht des Publikums denkt und handelt, für den bleiben Nutzerorientierung und Kundenzentrierung keine Buzzwords, sondern werden zum Selbstverständnis."

CHRIS CUHLS

Chris Cuhls ist Regisseur und Konzepter von Corporate wie Public Events. Mit über 20 Jahren Erfahrung in der TV- und Eventbranche zählt er Unternehmen wie Mercedes-Benz, SAP und Telekom zu seinen Kunden. Für bekannte Formate wie „The Dome", „Ein Herz für Kinder" und „Wetten, dass.. ?" war er als Aufnahmeleiter und Producer tätig. Neugier, Kreativität und relevante Ideen treiben ihn an, Begegnungen wirkungsvoll zu inszenieren. Zum Thema Eventgestaltung veröffentlichte er Fachbücher, betreibt einen Blog und Podcasts. Er studierte Medienmanagement an der FH Mittweida. Mit seiner Frau und drei Kindern lebt er glücklich in Köln. Sein Credo: Exzellenz, Timing, Detail.

und meistern sie letztlich fürs große Happy End. Cuhls wandelt diese Dramaturgie für seine Events in eine Art demokratisierte Heldenreise um, die das gesamte Auditorium ins Spotlight setzt. Alle sollen die Veranstaltung als „Helden ihrer eigenen Story“ verlassen. „Viele Redner verstehen sich als Helden auf der Bühne. Sie erzählen zum großen Teil von sich und ihrer Erfolgsstory. Damit weisen sie dem Publikum im doppelten Sinne ‚selbstredend‘ nur eine Nebenrolle zu“, erklärt der Regisseur. Als Cuhls eines Tages zum x-ten Mal in einer Veranstaltung nach Schema F saß, wurde ihm buchstäblich vor Augen geführt, was sich ändern musste: Die Hauptfigur soll sich nicht (nur) selbst als Held sehen, sondern als Mentor, der seine Weisheiten an die Zuschauer weitergibt (und diese umgekehrt „erhört“, dazu später mehr). Das Publikum soll so seine eigene Erfolgsgeschichte schreiben können. „Das Wissen sitzt im gesamten Raum, nicht nur auf der Bühne“, so Cuhls. Die Zuhörer sollen nicht nur konsumieren, sondern als Teilnehmer partizipieren. Das erhöht die Chance auf Veränderung.

So lässt sich etwa auf Corporate Events das Know-how aller Anwesenden von Beginn an einbinden: „Wo stehen wir heute, wo wollen wir hin?“ Und alle Anwesenden folgen gebannt, weil sie es begreifen, weil es sie betrifft und berührt. Wie in einer guten Geschichte wird gezielt Spannung aufgebaut, bis eine Challenge schließlich – in diesem Fall von allen – gemeistert werden kann. Zu einer glaubhaften Story sowie auch zur Reise des Helden gehören immer auch Konflikte sowie das Eingestehen von Fehlern und Schwächen. Cuhls vergleicht Beziehungen von Marken und Kunden hier mit menschlichen Partnerschaften, was sie ja letztlich auch sind: Beim ersten Date will man vor allem begeistern, etwa mit einem herausgeputzten Äußeren. Für eine langfristige Beziehung sollte man aber allem voran authentisch wirken. Das gilt auch für den Mentor, der sich mit all seinen Stärken und Schwächen auf die Augenhöhe der Anwesenden begibt. „Die Menschen ins Vertrauen ziehen, Zweifel äußern, mit Offenheit punkten und sie um Rat fragen“, so Cuhls, zahle letztlich auf nachhaltigen Kommunikationserfolg ein.

Es lebe (die) Geschichte: Wer ist Sophie Scholl?

Einen radikal neuen Weg auf Augenhöhe – und direkt in die Herzen des Publikums – ließ SWR-Journalistin Gebhardt die Widerstandskämpferin Sophie Scholl beschreiten. Die TV-Macherin: „Um Aufmerksamkeit zu gewinnen, müssen Inhalte nicht nur auf Medium und Zielgruppe zugeschnitten, sondern in Erlebniswelten eingebettet werden.“ Denn lineares Fernsehen erreiche vor allem das jüngere Publikum immer weniger. „Früher versuchten wir, Zuschauer von neun bis 99 über einen Kanal anzusprechen. Heute gilt: vernetzt denken und ‚cross‘ promoten.“ Gebhardt setzt auf breit angelegte Cross Promotion, von der Ausstrahlung in den Tagesthemen über die Website der Tagesschau bis hin zu Social-Media-Profilen. Dass allem voran emotionale Geschichten und (Live-)Erlebnisse wichtig sind, bewies sie mit einem Team von SWR und BR. Hauptrolle: @ichbinSophieScholl. 21 Jahre, Studentin Philosophie & Biologie, harter Geist, weiches Herz. Anlässlich des 100. Geburtstags der Widerstandskämpferin erzählten Gebhardt und ihr Team via Instagram die letzten zehn Monate von Scholls Leben – radikal subjektiv und in Echtzeit, vom Studium über die Gründung der Widerstandsgruppe „Weiße Rose“ bis hin zu Scholls Verhaftung.

Das Team erstellte für seine Protagonistin eigens ein Profil. Das gab es so in Deutschland noch nicht: Follower erleben „live" eine – nicht mehr lebende – Heldin und kommunizieren sogar mit ihr. Der radikal neu gedachte Storytelling-Ansatz übertraf die anvisierten KPI (Key Performance Indicator; Leistungskennzahl) beinahe um das Zehnfache. Ein weiterer Erfolgsfaktor neben der vernetzten Distribution: Das Projekt erweckt Aufmerksamkeit mit einer möglichen Antwort auf die Frage: „Wie würde eine historische Person mit den heutigen Social-Media-Möglichkeiten umgehen?" Emotional aufgeladene Inhalte regen zum Nachdenken an: „Was bedeuten Freiheit, Solidarität und Gerechtigkeit für mich selbst?" In erster Linie erfüllt das neu geschaffene Format aber einen Bildungsauftrag zu Themen wie Nationalsozialismus und Zivilcourage – auch mit Materialien für die Unterrichtsfächer Geschichte, Ethik, Religion ab Klasse 8 – und animiert zum Wissenserwerb wie auch zur Verhaltensveränderung.

SUSANNE GEBHARDT

Susanne Gebhardt ist Leiterin der Abteilung Doku & Gesellschaft in der HA Doku des SWR. Sie hat die Deutsche Journalistenschule in München absolviert sowie Politik, Soziologie und Ethnologie studiert. Als Autorin und Regisseurin hat sie zahlreiche Dokumentationen realisiert, u.a. für SWR, SR, NDR und ARTE. Mehrere Jahre stand sie zudem als Moderatorin vor der Kamera. Beim SWR verantwortet sie hochwertige Dokumentationen und Doku-Serien. Susanne Gebhardt war Ideengeberin für das innovative Instagram-Projekt @ichbinSophieScholl von SWR und BR.

„Um Aufmerksamkeit zu gewinnen, müssen Inhalte nicht nur auf Medium und Zielgruppe zugeschnitten, sondern in Erlebniswelten eingebettet werden."

Wer Veränderung anführen will, braucht eine Geschichte, die Menschen glauben wollen und können. Stichwort: Infomotion. Regisseur Cuhls erzeugt auf diese Weise ein Gefühl, das den Wunsch zum Wandel weckt – und schließlich dazu führt. Sind wir beispielsweise durch den gezielten Einsatz von Bild und Ton bei einer Story zum Hunger in Somalia oder den Betroffenen der Flut im Ahrtal zu Tränen gerührt, steigt die Wahrscheinlichkeit, dass wir längerfristig einen bewussteren Umgang mit Lebensmitteln und unserer Umwelt entwickeln, als wenn nur nüchterne Grafiken mit Hintergrundfakten zum Thema vermittelt wurden.

Authentische Idole können Gamechanger sein

Damit Botschaften einen nachhaltigen Effekt erzielen und zur Handlung anregen, setzt Cuhls auf eine hohe Identifikation mit dem Absender. „Jeder Mensch will gesehen werden. Um ihn zum Handeln zu animieren, muss er sich in seinem Mentor oder in dessen Handeln wiedererkennen.“ So geben etwa Erfahrungsberichte, Erzählungen und Geschichten aus ähnlichen Lebens- und Arbeitswelten den Besuchern von Corporate Events hilfreiche Orientierung und zeigen, wie sich der reale Erfolg eines anderen zum eigenen machen lässt. Weitere Synergien lassen sich über zusätzliche Kanäle nutzen, etwa durch die von Unternehmen immer beliebtere Interaktion des „Mentors“ mit seiner „Fangemeinde“ über Plattformen wie Xing und LinkedIn oder Twitter und Instagram.

Auch das Instagram-Projekt @ichbinSophieScholl mit fast 800.000 Abonnenten (Ende 2021) sei so erfolgreich, weil die Hauptfigur gut zur Zielgruppe der Instagram-Nutzer passe, sagt Redakteurin Gebhardt. Die Postings stammen aus Originalzitaten wie auch Briefwechseln und lassen an Scholls Leben teilhaben, die in täglichen Instagram-Stories gewissermaßen selbst die Kamera führt – wie auch Instagram-User heute ihr Smartphone nutzen würden. Gebhardt sieht in Sophie Scholl dabei eine Vorbildfunktion, sodass sich die größtenteils weiblichen Follower des Projekts im Alter von 25 bis 35 Jahren gut mit ihr identifizieren könnten.

Scholl schrieb im ähnlichen Alter wie die Follower Geschichte – und ging in diese als Heldin ein. Durch die Möglichkeiten sozialer Medien zur Interaktion werden Identifikationsfiguren besser greif- und erlebbar. Die hier beabsichtigten Lern- und Aufklärungsziele lassen sich entsprechend effektiver erreichen. Obwohl das Ende von Scholls Geschichte bereits vorgeschrieben ist, lassen die Kommentare der Follower erkennen, dass diese sich so sehr mit ihrer Heldin identifizieren, dass sie sie gar vor dem Tod bewahren wollen. Jüngere Generationen suchten verstärkt nach Idolen, seien laut Gebhardt aktivistischer und individualistischer eingestellt, hätten das große Ganze im Blick. „Politisches Zeitgeschehen und gesellschaftliche Themen wie der Umgang mit Minderheiten oder Nachhaltigkeit spielen für sie eine entscheidende Rolle, weil sie wissen, dass davon ihre eigene Zukunft abhängt.“

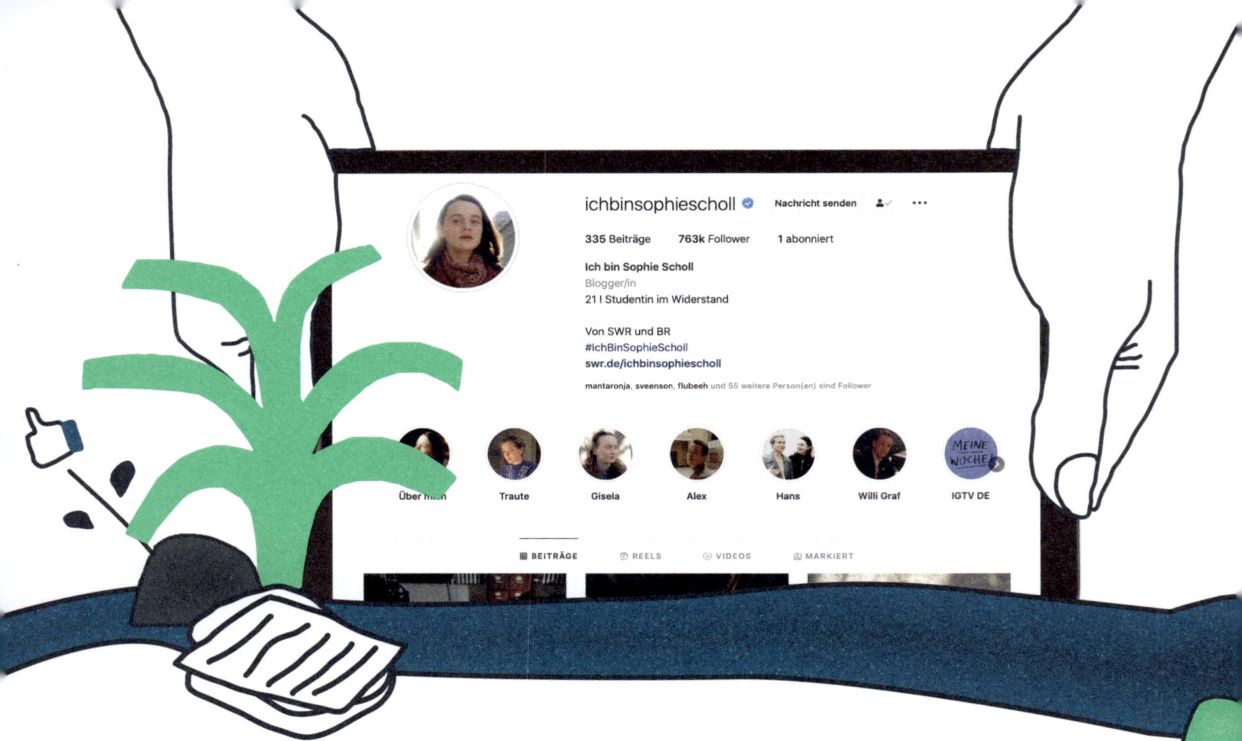

Interaktion erweitert Community und Berufsbilder

Die SWR-Journalistin weiß auch: Ohne Interaktionsmöglichkeiten geht vor allem für jüngere Zielgruppen heute nichts mehr. Gebhardt sieht darin einen Trend, der sich verstärkt, und der auch @ichbinSophieScholl so erfolgreich macht. Täglich erreichen den Account Hunderte Fragen und Kommentare aus der Community, die es fundiert und aus der Sicht von Sophie Scholl zu beantworten gilt. Zum einen wird dem Publikum ein Benefit geboten, wie Zusatz- oder Hintergrundwissen. Zum anderen lässt sich durch den direkten Austausch ausloten, was das Publikum bewegt. Da das Vorwissen der Nutzer zu den Themen wie Nationalsozialismus unterschiedlich ausgeprägt ist, macht sich zudem eine Eigendynamik positiv bemerkbar: Die Community beantwortet Fragen anderer Follower mit. Schnell wurde Gebhardt und ihrem Team klar, dass ein größeres Team nötig ist, um alle Kommentare fundiert zu handhaben. Hinter dem Projekt arbeitet seither ein eigenes Community-Management-Team – ein Job, den es in dem Bereich vorher nicht gab.

Ähnlich verhält es sich bei der Inszenierung von Events. Laut einem aktuellen Report der Business Plattform Xing lohnt es sich, schon vor einer Veranstaltung eine Community aufzubauen, um herauszufinden, welche Inhalte und Präsentationsformen der Zielgruppe wichtig sind. Auch hier erweitert sich der Tätigkeitsbereich der klassischen Eventmanager und eröffnet neue Jobfelder. Als Event-Regisseur sucht Cuhls heute sowohl die passende Location – klassische Aufgabe eines Eventmanagers – als auch die Themen, die es zu besetzen und zu gestalten gilt; ähnlich einem Community-Manager, der sich aktiv mit den Bedürfnissen und Fragestellungen der Follower auseinandersetzt. Co-Creation heißt, nicht nur den Kunden von Anfang an einzubinden, sondern auch das Publikum. Es muss Einfluss haben auf das Event und zum Mitgestalter der Inszenierung werden.

Innovative Locations und Technik, die begeistert

Neue Wege der Kommunikation wandeln jedoch nicht nur Berufsbilder, auch der Rahmen kann sich schlagartig ändern. So war ein Vor-Ort-Austausch mit dem Publikum während der Coronapandemie häufig nur eingeschränkt möglich, wenn Events überhaupt stattfanden. Medienprofis mussten schnell Alternativen entwickeln – und setzten vermehrt auf digitale oder hybride Formate. Dieses plötzlich unausweichliche „Re-Invent" der Branche wirkte sich in einer Hinsicht positiv aus, beobachtet Event-Regisseur Cuhls: „Oft wird zu virtuellen Events nicht nur das Top-Management eingeladen, sondern die gesamte Belegschaft – teils weltweit. Das kann natürlich die Mitarbeiterkommunikation verbessern."

Heute brauche es zwar nur ein Smartphone, um eine Story im Kleinen medial aufzubereiten. Doch gelte es auch in einer rein digitalen Welt, mit Emotionen zu begeistern. „Das Erzeugen großer, beeindruckender Bildwelten ist aber vor allem auf Vor-Ort-Events enorm wichtig, um echte Wow-Effekte hervorzurufen", sagt der gebürtige Australier. So bringen Hologramme etwa Musiklegenden auf Konzertbühnen oder Unternehmen beeindrucken mit virtuellen Produktwelten sowie hollywoodreifen Kurzfilmen und Animationen. „Das Publikum hat die Vorzüge virtueller Events schätzen gelernt und muss für reine Informationen nicht mehr verreisen", so Cuhls. Er ist aber überzeugt: „Emotionale Erlebnisse, Publikumsnähe und Handlungseffekte ließen sich weiterhin erfolgreicher auf solchen Events erzielen, die live und vor Ort stattfinden."

Wie begeistere ich morgen?

Gebhardt und Cuhls zeigen: Die hohe Kunst der Kommunikation besteht darin, Botschaften und Inhalte nicht nur über die richtigen Kanäle zu senden, sondern auch in emotionale Storys und eine authentische Erlebniswelt einzubetten. Wenn sich das Publikum darin wiederfindet und sich mit den Absendern identifiziert – ob virtuelle Heldin oder Bühnenmentor –, kann es gezielter zum (Um-)Denken und Handeln animiert werden. Der digitale Fortschritt öffnet viele Türen und zieht Menschen durch neue Optionen zur Interaktion noch mehr ins „Geschehen" hinein – ein Trend, in dem beide Experten ein hohes Zukunftspotenzial sehen. Zum Selbstläufer werden Kommunikationserfolge dank Hightech allein aber nicht. Das Publikum stets im Blickfeld haben, den gezielten Sprung zur Innovation wagen und neue Wege mit Ausdauer beschreiten, so lauten die Devisen. „Erfolgreiche Begegnungen brauchen Mut und Risikobereitschaft", fordert Regisseur Cuhls. Und SWR-Journalistin Gebhardt: „Nur wenn wir uns auf Neues einlassen, kann Neues entstehen." Wenn das Publikum dann selbst zum Helden wird, haben die Medienprofis ihr Ziel erreicht. Die „Hero's Journey" erhält letztlich das Upgrade für eine Zukunft mit noch mehr Human Touch – und sogar historische Vorbilder wie Sophie Scholl werden unsterblich.

---

[1] www.mpib-berlin.mpg.de/pressemeldungen/informationsflut-senkt-aufmerksamkeitsspanne
[2] www.webcampus.de/blog/104/die-8-sekunden-aufmerksamkeitsspanne-gibt-es-sie-wirklich
[3] www.ard-zdf-massenkommunikation.de/files/Download-Archiv/MK_Trends_2021/PM_ARDZDF_Massenkommunikation_Trends_2021_final.pdf

Normalzustand

– oder wenn Veränderung alltäglich wird

Der langjährige Brauereichef Dr. Richard Weber und sein Sohn Christian über Generationswechsel, den ‚Fokus Mensch' und das Gespür für die Balance zwischen Innovation und Tradition.

KARLSBERG
KARLSBERG
KARLSBERG
KARLSBERG
KARLSBERG

Herr Dr. Weber, ein ehernes Gesetz der Braubranche lautet: Menge, Menge, Menge. Unter Ihrer Ägide braute Karlsberg in der Hochzeit mehr als vier Millionen Hektoliter Bier. Vor vier Jahren hat Ihr Sohn Christian gleichwohl fast 40 Prozent vom Karlsberger Bierausstoß gekappt – wie schwer hatten Sie daran zu schlucken?

RW: Keine 25 Minuten. Länger brauchten wir darüber gar nicht zu sprechen. Dieser Mengenausstoß ging damals einher mit einer starken Abhängigkeit von internationalen LEH (Lebensmitteleinzelhandel-) Gruppen. Der Schritt meines Sohnes, das Brauen der Eigenmarken des LEH anderen zu überlassen, war ein Befreiungsschlag. Nur so war es uns möglich, mit neuen Menschen, neuen Marketingmethoden und neuen Zielen ‚Marke, Marke, Marke' als Karlsbergs neues Credo zu verankern. In den Köpfen unserer Kunden und im Markt. Es ging darum, die ‚gesunden' Hektoliter unserer ‚Menge', also die eigenen Marken der Karlsberg Brauerei, zu erhalten und auszubauen, ‚ungesunde' Hektoliter hingegen, die unter den Labels anderer Unternehmen vertrieben wurden, abzustoßen.

Christian, wie haben Sie Ihren Vater so schnell überzeugt?

CW: Die Frage ist ja, wann man innerhalb eines Teams zu dem Punkt kommt, an dem man das Spiel verändert, neuen Regeln folgt und entsprechend agiert. Und unsere Spielveränderung war einfach die Konsequenz der gemeinsamen Analyse, in welcher Phase unseres Unternehmens, des Marktes, der Industrie wir uns eigentlich befinden. Lange Zeit hieß das Spiel ‚Wachstum' – und das haben mein Vater und mein Großvater konsequent gespielt. Denn damals schwebte jahrelang nur eine Frage über der ganzen Branche: Wer von den Großen frisst wen von den Kleinen? Damals begannen wir mit Akquisitionen, sind vor allem strategisch gewachsen, auch durch Hinzunahme des Geschäftsfeldes „alkoholfrei".

In einer neuen Teamzusammensetzung war es mir dann aber möglich zu sagen: Es geht auch anders, nämlich über Marke Ertrag zu generieren. In unserer Familie haben wir über viele Generationen erlebt, dass Veränderung etwas ganz Normales ist und mitunter auch zu kompletten Systemwechseln führen kann. Wie beim Fußball, wo das Spielen mit Libero irgendwann mal durch die Viererkette abgelöst wurde, weil andere Spielertypen zur Verfügung standen, die das konnten. Dadurch wurden ja keine Regeln gebrochen, sondern eine neue Spielart eingeführt. Und dann ist es nur noch eine Frage der eigenen Fähigkeit zur Veränderung.

Damals haben Sie dem Handelsblatt gesagt: „Wachstum entsteht aus einer Phase der Re-Strukturierung heraus." Sehen Sie das heute auch noch so? Waren nicht die eigentlichen Wachstumstreiber von Karlsberg weniger Re-Strukturierungsmaßnahmen im Sinne von Konsolidierung als vielmehr grundlegende Innovationen – wenn man an die erste Eismaschine der Brauerei denkt zum Beispiel, an die ersten LKW, die Pferdefuhrwerke ersetzten, an die Bierabfüllung in Dosen oder die erste Bier-Cola-Mischung?

CW: Lebensmittel – eine Flüssigkeit in sich aufzunehmen, ist etwas sehr Intimes. Das erfordert ein hohes Maß an Grundvertrauen, das ich als Hersteller des Getränks über Verlässlichkeit, Stabilität und Produkttreue immer wieder herstellen muss. Gleichzeitig habe ich die Herausforderung, dass sich Menschen in ihrem Konsum weiterentwickeln wollen. Diesen Moment der Bereitschaft, diese Balance zwischen Innovation und Tradition muss ich packen können, um

Brauerei Karlsberg

Die Geschichte der Karlsberg Brauerei reicht bis ins Jahr 1878 zurück, als sie unter dem Namen „Bayerische Bierbrauerei zum Karlsberg" in der damals zu Bayern gehörenden Saarpfalz gegründet wurde. Seither hat sich Karlsberg stetig weiterentwickelt. Schon Anfang des 20. Jahrhunderts baute die Homburger Brauerei ihre Kapazitäten und Vertriebsgebiete deutlich aus und erweiterte in den 1990er-Jahren ihr Geschäftsfeld, indem sie auch alkoholfreie Getränke herstellte.

2003 verkaufte die Gründerfamilie 45 Prozent der Brauerei an die Brau Holding International (BHI), einem Joint Venture zwischen Heineken und der Münchner Schörghuber Gruppe. 2009 entschieden die Nachfahren des Karlsberg-Gründers, sämtliche Anteile von der BHI zurückzukaufen, um wieder eigenständig das Unternehmen weiterzuführen.

Zu den Marken des Unternehmens zählen heute neben der regionalen Biermarke Karlsberg unter anderem die Marke MiXery (Biermischgetränke), die Fruchtsaftmarke Niehoffs Vaihinger, die Mineralwassermarken Teinacher und Krumbach sowie Afri Cola und Bluna. Unter den fast 1.550 Braustätten in Deutschland gehört die Karlsberg Brauerei GmbH zu den größten familiengeführten Brauereigruppen.

die Konsumenten für ein neues Produkt oder die Veränderung eines Produkts begeistern zu können. Zwei Fragen sind dabei ganz entscheidend: Wird Wachstum getrieben durch mehr und mehr Menschen, die uns diese Verlässlichkeit zusprechen? Und: Wie viele Menschen kann ich mit neuen Ideen und Konzepten erreichen? In dem Moment, wo man diese beiden Punkte konzentriert qualitativ abarbeitet, entsteht Re-Strukturierung – die Aufstellung und Organisation von etwas Neuem.

Eine meiner größten Aufgaben im Unternehmen ist es gerade, deutlich zu machen, dass wir differenzierter über Kunden und Konsumenten reden müssen. Bislang waren wir relativ fokussiert auf den LEH, die Gastronomie und den Fachgroßhändler, der die Ware von uns kauft. Jetzt kommen wir an den Moment, wo wir uns noch viel mehr mit den Bedürfnissen des Konsumenten

DR. RICHARD WEBER UND CHRISTIAN WEBER

In der Geschäftsführung der saarländischen Brauerei Karlsberg stehen Richard Weber (78) und Christian Weber (42) für die vierte und fünfte Generation der Unternehmensgründerfamilie. 2012, nach 29 Jahren als geschäftsführender Gesellschafter an der Spitze des Unternehmens, übergab Richard Weber die operative Unternehmensverantwortung an seinen Sohn. Unter Führung von Richard Weber entwickelte sich „Karlsberg" in den 90er-Jahren u. a. durch die Erweiterung des Geschäftsfeldes auf Fruchtsäfte, Limonaden und Mineralwasser von einer regionalen Brauerei zu einem international auftretenden Getränkehersteller. Der promovierte Betriebswirt war von 2002 bis 2008 Präsident des Deutschen Brauer-Bundes und von 1996 bis 2017 Präsident der IHK des Saarlands sowie von 2014 bis 2017 Präsident des europäischen Kammerdachverbandes (EUROCHAMBRES) in Brüssel.
Vor seiner Wahl zum Nachfolger seines Vaters als Generalbevollmächtigter der Brauerei durch die mehr als 30 Familiengesellschafter des Unternehmens arbeitete Christian Weber nach dem Studium der Volkwirtschaften in Edinburgh zunächst vier Jahre beim Schweizer Nahrungsmittelunternehmen Nestlé und drei Jahre beim niederländischen Braukonzern Heineken. 2010 führte ihn seine berufliche Laufbahn wieder zurück in das heimische Unternehmen seiner Familie.

„In unserer Familie haben wir über viele Generationen erlebt, dass Veränderung etwas ganz Normales ist und mitunter auch zu kompletten Systemwechseln führen kann."

beschäftigen müssen. Das Verständnis dafür, wie sich die Bedürfnisse des Konsumenten verändern, ist der wesentliche Hebel, um gemeinsam mit unseren Kunden Handlungsoptionen zu entwickeln – im Marketing, der Positionierung, der Kommunikation zum Beispiel – und dann reagieren zu können. Das muss man lernen. Nur so kann man eine Marke entwickeln. Denn eine Marke ist eine Marke durch das Verhalten des Konsumenten, nicht durch unser Verhalten.

Sie waren gerade erst Präsident des Deutschen Brauer-Bundes geworden, als sich das Handelsblatt 2002 empörte: „Der saarländische Brauherr mischt Gerstensaft mit süßer Brause und poussiert mit ausländischen Brauereigiganten." Dass beides für Sie seinerzeit Sinn ergab und der Brauerei neue Entwicklungsperspektiven bieten konnte, also viel mit Re-Invent zu tun hatte – wie viel Erklärungsbedarf bedurfte es damals dafür?

RW: Ich glaube, für Erfolg muss man sich nicht entschuldigen. Damit ist so ein Schritt ja quasi selbsterklärend. Mit der Innovation Bier-Mix haben wir ein neues Spielfeld aufgemacht und Bier nicht mehr ausschließlich nach Pils, Export und Alt schmecken lassen, was die Gastronomie schon seit Langem vormachte. Dieses neue Terrain haben wir betreten, weil wir es in einer damaligen Gesetzesänderung als Erste erkannt haben. Bis dahin durfte man Biere nur mit Limo oder Cola mischen, wenn der Gast vor Ort im Lokal die Möglichkeit hatte, das Mixen des Getränks persönlich zu verfolgen. Konfektioniert, verpackt in unterschiedlichsten Gebinden, durfte man ein Biermixgetränk erst seit 1993 anbieten – und das haben wir getan.

CW: Die Notwendigkeit der Veränderung ist ein Treiber, und die Geschwindigkeit der Veränderung nimmt zu. Im Regelfall ist es doch so: Erst wenn etwas plötzlich nicht mehr funktioniert und es ungemütlicher wird, kommt wieder Dynamik auf, die Neues entstehen lässt. Aber dieser Mechanik, diesem Naturell der meisten von uns, muss man rechtzeitig entkommen. Das hat mein Vater mit ‚MiXery' beispielhaft vorgemacht.

Als Sie 2003 tatsächlich Heineken an Bord der „Karlsberg" nahmen, sagten Sie: Die Zusammenarbeit sei „ein auf Ewigkeit gerichteter Vertrag, ... in der die Partner u. a. voneinander lernen werden." Was haben Sie von Heineken unternehmerisch lernen können?

RW: Leg dich nie mit jemandem ins Bett, der zehnmal so groß ist wie du. So jemand hat eine andere Kultur, andere Menschen und andere Systeme, um die wirtschaftliche Situation einer Brauerei darzustellen. Aber damals wollte ich mit Zustimmung aller meiner Gesellschafter – wir sind mehr als 30 Familiengesellschafter– unser Mineralbrunnengeschäft vollständig neu aufstellen und ausweiten. Dafür brauchten wir Kapital. Also haben wir 45 Prozent der Brauerei hergegeben, um dafür anschließend einen großen Teil der Stammaktien der damaligen Mineralbrunnen AG in Baden-Württemberg in eigenen Händen zu halten.

Was haben Sie, Christian, aus der Perspektive des angestellten Mitarbeiters während Ihrer Jahre bei Heineken lernen können?

CW: Dass alles, was ich mir als Manager oder Unternehmensführer an Prozessen ‚zusammenreime', mit Menschen zu tun hat und der Frage: Wer setzt diese Prozesse eigentlich um? Anders gesagt, dass man das beste Konzept, die beste Idee nicht zum Laufen bringt, wenn man sie nicht team- und menschenfokussiert angeht. In Sachen Markenführung und Markenmanagement zum Beispiel geht es ja um Dinge wie Design, Geschichtenerzählen, Menschen zu erreichen und deren individuelle fortlaufende Entwicklung zu verstehen. Das können derzeit weder Computer noch ein Standardsystem mal eben abwickeln. Dazu braucht es Menschen und deren Kreativität.

Das bedeutet?

CW: Ich will ein Beispiel nennen: Früher gab es Print – also Zeitungen, Plakate, Magazine – und zwei, drei reichweitenstarke TV-Kanäle. Da war es relativ einfach, Markenbekanntheit aufzubauen. Heute sind Konsumenten, die Mobiltelefone, Smart-TV etc. nutzen, auf ganz andere Weise zu erreichen. Wenn wir jetzt daran gehen, unsere Organisation entsprechend umzubauen und dafür Menschen zu finden, die den Medienumgang der nachfolgenden Generation als ganz natürlich erachten, müssen wir diese – und uns selbst natürlich auch – immer wieder anhalten, um zu hinterfragen: Ist die Geschichte, die wir erzählen wollen, überhaupt interessant für unsere Konsumenten? Und an der Stelle müssen wir als Mittelständler, der gar nicht das Budget hat, in der Breite klassischen Werbedruck zu erzeugen, unsere Geschichten auch stark zuspitzen, damit sie unseren Konsumenten überhaupt erreichen.

Christian, „Ein Unternehmen ist nicht das Produkt des Kapitals, sondern es ist ein Werk der Menschen. Der Mensch ist der wichtigste Faktor im Betrieb". Ein Zitat Ihres Großvaters – stimmt es noch in Zeiten der Digitalisierung, in denen Technologievorsprünge mehr denn je die eigene Wettbewerbsfähigkeit bestimmen?

CW: In einem Wort gesagt – ja! Das Zitat stammt aus einer Zeit der Erkenntnis heraus, dass man Menschen in Unternehmen eine besondere Rolle zuerkennen und festschreiben sollte. Dass man mit dieser besonderen Haltung den Mitarbeitern gegenüber auch Attraktion schafft für die Aufgaben und Arbeitsplätze, die man bieten kann. Der Mensch an sich ist ja kein Faktor, sondern der Rahmen, die Bewegung und die Energie eines Unternehmens. Er ist es, der sich entscheidet, verschiedene Faktoren zu aktivieren oder auch zu optimieren – Innovation zum Beispiel, Finanzkraft oder Produktivität. Es wäre ein Fehler, würde ich die Priorisierung meines Großvaters von damals heute beliebig austauschen – à la ‚ab heute ist die Digitalisierung wichtiger' oder die ‚Prozessautomatisierung' oder ‚Productivity comes first'. All das ist doch immer nur die Konsequenz des Handelns unserer Menschen. Wenn wir das verinnerlichen, werden sich auch alle anderen Ziele umsetzen lassen.

Passend zur anthropologischen Betriebswirtschaftslehre, die Ihr Großvater vertrat, haben Sie dem Magazin Focus mal gesagt, für Sie sei „Führen im Unternehmen der Auftrag zur Dienstleistung für die Mit-

„Mit Führungskräften, die sich als Dompteur verstehen, können wir bei Karlsberg nichts anfangen."

arbeiter". Wie macht sich das in der Karlsberg Brauerei heute bemerkbar, in puncto Unternehmenswerte, Unternehmenskultur und nicht zuletzt hinsichtlich der Bedeutung von Hierarchien?

CW: Führungsstrukturen können den Zweck haben, Menschen zu erreichen und Informationen, Botschaften und Ziele kaskadierend nach unten weiterzugeben. Führung in meinem Verständnis muss aber Mitarbeitern, die zu uns kommen, vor allem helfen, in diesem Unternehmen ihre Ziele und Potenziale nicht nur mit- sondern auch einbringen zu können. Das ist meine oberste Aufgabe und nicht, ihnen zu sagen, was sie zu tun haben. Trotzdem bleibe ich derjenige, der Richtungsvorgaben macht und Orientierung gibt. Das ist meine Dienstleistung, aber ich muss nicht dirigieren. Anders gesagt: Mit Führungskräften, die sich als Dompteur verstehen, können wir bei Karlsberg nichts anfangen.

War das zu Ihrer Zeit, Anfang der 80er-Jahre, noch anders? So ein Verständnis hat ja viel mit Motivation und Vertrauen zu tun, mit ‚Loslassen und Abgeben Können' bzw. neudeutsch ‚Enablen' …

RW (lacht): Loslassen und Abgeben, das übe ich mit meinem Sohn seit zehn Jahren. Nein, im Ernst, da ist mir mein Vater gewissermaßen ein Vorbild. Als er mir 1983 die Unternehmensführung übergab, hat er vom selben Tag an die Brauerei nie mehr betreten – außer im Trainingsanzug, um seine persönliche Post zu holen. Und so ähnlich ist es bei mir heute auch. Aber noch mal zurück zum vorherigen Punkt: Der Mensch, der mit seiner Kreativität und Arbeit täglich zum Erfolg des Unternehmens beiträgt, muss in einem großen Rahmen frei sein in seiner Entwicklung, um unbefangen agieren zu können. Permanente Einflussnahme von außen oder von oben macht ihn nur unsicher. Mit dieser Art der Unternehmens- und Mitarbeiterführung waren wir damals ein Exot. Aber meine Erfahrung ist, dass unsere Mitarbeiter sehr verantwortlich mit den Freiräumen umgegangen sind, die wir ihnen gegeben haben. Und dass ich selbst von unseren Mitarbeitern lernen und sehen konnte, dass sie vieles besser konnten als ich. Mein Sohn macht das heute noch intensiver und professioneller – aber schon mein Vater hat mir damals mitgegeben: Wenn du in irgendeinem Raum der Beste bist, dann bist du nicht am richtigen Ort.

Welche Effekte hat diese Haltung auf Ihre Kundenbeziehung? Inwieweit honorieren auch die Konsumenten dieses Wertebild im Unternehmen Karlsberg?

CW: Das ist ein zweischneidiges Thema. Wir leben unsere Werte, aber wir wollen sie nicht wie eine Monstranz vor uns hertragen. Bei Bewerbungsgesprächen taucht dieses Thema aber schon auf. Also scheint es Menschen zu erreichen, die bei uns arbeiten möchten. Aber wir fragen uns natürlich, wie schmeckt unsere Art den Konsumenten? Also – kann man unsere Kultur des Umgangs mit Menschen in unseren Getränken schmecken? Um das zu ermöglichen, haben wir gerade unser Marketing umgestellt. Indem wir auch hier unsere Menschen, unsere Teams, unsere Brauer und Produktentwickler in den Vordergrund stellen. Nur ein Beispiel: Wenn Sie noch vor wenigen Wochen bei uns in die Eingangshalle gekommen sind, haben Sie unzählige Zertifikate, Preise für unsere Biere usw. gesehen. Heute hängen dort Fotos unserer Mitarbeitenden mit diesen Auszeichnungen oder Zertifikaten in der Hand, die das Unternehmen erst durch sie bekommen hat. Das zu erkennen ist auch ein iterativer Prozess.

Ich hoffe, dass dieser Perspektivwechsel und etwas von dem Geist dahinter auch beim Konsumenten ankommt. Denn unsere Differenzierung zu anderen Brauereien ist der Fokus Mensch. So erzählt unsere Werbung auch nichts mehr von bestem Hopfen, vom besten Malz oder vom besten Quellwasser, sondern sie erzählt die Geschichten unserer Menschen, die das beste Bier herstellen. Wir agieren damit auch viel ehrlicher. Früher haben wir unsere Marketingabteilung gebeten, mit Fotografen nach Südafrika zu fliegen, weil dort das Licht am schönsten ist, um dann mit einer Flasche unseres ‚Urpils' vor einem gefakten Schwenkgrill am Strand einer bestimmten Bucht ein emotionales Bild zu erzeugen, das wir dann auf Plakate gedruckt haben. Heute fotografieren wir bei uns vor der Haustür zwei Brauer, die mit einem Feierabendbier anstoßen und posten das Bild über Instagram und Facebook. So verändern sich die Geschichten, die wir erzählen, die Art, wie wir das tun und die Kanäle, auf denen wir die Inhalte transportieren.

Und wie konkret erzählen Sie diese Geschichten, damit sie den Konsumenten erreichen?

CW: Dazu transformieren wir gerade die Ansprache unserer Kunden. Von den 1.100 Mitarbeitern arbeiten heute schon 400 draußen im Vertrieb. Sie sind es, die von Angesicht zu Angesicht die Geschichten unserer Produkte, unserer Kultur und Philosophie erzählen und den Weg dafür ebnen, dass diese Geschichten auch die Konsumenten erreichen. Das erfordert von jeder unserer ‚Erzählungen' einen Brückenschlag von unserem Produkt und der Welt, aus der es kommt, über die Frage, wie es unseren Kunden im Handel nutzen kann, bis zu dessen Kunden, dem als Konsument unser Getränk auch wegen seiner Geschichte schmecken soll. Das alles beginnt mit unserem Verständnis vom Kunden – was braucht er eigentlich, wer kommt zu ihm, wer kauft was bei ihm? Und auf Kundenseite braucht es Verständnis für unsere Kultur, die Bereitschaft, sich auf das Thema einzulassen, unsere Geschichte aufzunehmen und zu erkennen, welche drei, vier Quadratmeter er in seinem Markt dann mit welcher ‚Drehzahl' profitabel machen kann.

Mit dem Credo „Heute tun, was andere morgen denken" hat Ihr Vater viel Erfolg gehabt. Inwieweit hat er damit Maßstäbe für Sie und Ihre Verantwortung hinsichtlich der Zukunftssicherung des Unternehmens gesetzt?

CW: Das hat er selbstverständlich. Insoweit ist mir klar: Wir brauchen eine fortlaufende Entwicklung des kontinuierlichen Besserwerdens, und da befinden wir uns in einer intensiven Phase der Umsetzung. Aber alles, was wir heute tun und noch vor uns haben, basiert auf der Transformation des Unternehmens Ende der 90er-Jahre – von einer deutschen Regionalbrauerei zu einem international auftretenden Getränkeunternehmen. Ich weiß nicht, ob ich diese Kraft gehabt hätte, innerhalb eines Familienunternehmens so einen Switch zu vollführen.

RW: Und umgekehrt bin ich nicht sicher, ob ich unser Unternehmen heute so führen könnte, wie mein Sohn es tut. Ich glaube eher nicht. Möglich, dass mich deshalb so stolz macht zu sehen, dass er es kann.

„Wer nicht gewinnt,

hat nichts gewagt“

Musiklegende Peter Maffay hat in seiner 50-jährigen Karriere immer wieder Neues gewagt. Selbst während der Corona-Lockdowns war Stillstand für ihn keine Option: Er hat ein neues Album produziert, eine eigene Talkshow entwickelt und erstmals in ein Start-up investiert. Mit Kekz hatte auch Gründer Carl S. Taylor neue Wege eingeschlagen und eine intuitive Audiounterhaltung für kleine Kinder geschaffen. Im Interview berichten die Freunde und Geschäftspartner über grenzenlose Neugier, hilfreiche Kritik und Gegenwind, der einen vorantreibt.

Peter, vielen Dank für die Einladung nach Tutzing! Wir sind hier in deinem Kreativzentrum. Die Red Rooster Studios, die Peter Maffay Stiftung, Tabaluga Enterprises – alle sind auf dem Gelände. Wie kam es dazu?

Peter: 1982 haben wir im Haus nebenan losgelegt. Wir wollten eine Garage, in der wir Krach machen können. Zudem ist Autarkie, also unabhängig zu sein, ein ganz wichtiger Faktor im Musikbusiness. Mit eigenem Tonstudio kannst du auch dann weitermachen, wenn Hindernisse auftauchen. Also haben wir in die Erde reingebaut. Das Studio sollte kein Tageslicht haben, damit wir uns voll auf die Musik konzentrieren. Und jeder sollte sein Equipment stehen lassen können. Für unsere Proben kam jeder mit leichtem Handgepäck, hat sich eingestöpselt und wir konnten sofort loslegen. In den folgenden Jahren kamen dann weitere Aktivitäten hinzu und wir haben uns räumlich vergrößert. So ist hier in der Tat eine Art Kreativzentrum entstanden.

Während andere Unternehmen und Künstler von Corona gnadenlos ausgebremst wurden, wart ihr hier selbst während des Lockdowns kreativ und habt diverse neue Projekte gestartet. Hat euch die Pandemie nichts ausgemacht?

Peter: Zunächst sind auch wir in ein Loch gefallen. Mit Beginn der Pandemie war der Ofen erstmal aus. Eigentlich wollten wir auf Tour gehen. Stattdessen sind wir nach Hause und haben uns am Hinterkopf gekratzt. Wir haben uns gefragt: Was machen wir jetzt? Wie kommen wir über die Runden? Wir kamen sehr schnell zu dem Schluss: Däumchen drehen ist nichts für uns, davon wird man krank. Lasst uns lieber versuchen, etwas anderes zu machen. Und so entstanden all diese Themen.

Ihr habt in der Pandemie ein neues Album produziert, deine Partnerin Hendrikje hat ein Kinderbuch herausgebracht und – als wäre das nicht schon genug – zusätzlich hast du eine eigene Talkshow aus dem Boden gestampft. Was hat dich daran gereizt?

PETER MAFFAY

1970 gelang Peter Maffay mit „Du" der Durchbruch im Musikbusiness. Seitdem entwickelte er sich zu einem der erfolgreichsten deutschen Sänger und Komponisten. Mit „So weit" hat er im September 2021 sein 20. Nummer-eins-Album in den Charts platziert. In seiner über 50-jährigen Karriere hat der Künstler, der in Tutzing am Starnberger See lebt, immer wieder Neues gewagt: Er hat sich vom Schlagersänger zum Deutschrocker gewandelt, die Märchenfigur Tabaluga erfunden und eine eigene Stiftung gegründet, die sich um benachteiligte Kinder kümmert. Selbst die Coronapandemie konnte den Tatendrang des 72-Jährigen nicht bremsen: Neben einem neuen Album hat er mit Partnerin Hendrikje auch ein Kinderbuch veröffentlicht, seine eigene TV-Talkshow entwickelt und erstmals in ein Start-up investiert, die Kekz GmbH.

Peter: Begegnungen mit Menschen, die was ganz anderes machen, haben mich schon immer fasziniert. Es gibt bereits zwei gleichnamige Alben, die diese Neugierde dokumentieren. Wenn wir darüber nachdenken, wovon unser Leben ganz profund beeinflusst wird, dann sind es Begegnungen. Immer wenn wir Menschen gegenübersitzen und uns unterhalten, bleiben irgendwelche Hinterlassenschaften. Und aus der Summe dieser Eindrücke entstehen oft neue Impulse.

Diese Neugierde hast du dir bis ins Alter erhalten …

Peter: Wenn man das nicht tut, verpasst man viele Abenteuer. Und ich finde, ein Leben ist so wertvoll, dass du möglichst viele Abenteuer erleben solltest – in welcher Form auch immer. Schon als Kind wollte ich wissen, was passiert hinter dem Vorhang, hinter der Grenze, was ist das für eine Welt. Das ist noch heute so.

„Irgendwo tief in mir bin ich ein Kind geblieben. Erst dann, wenn ich's nicht mehr spüren kann, weiß ich, es ist für mich zu spät, zu spät, zu spät."

— aus dem Song „Nessaja"

Also hast du für das Talkformat „Begegnungen" die Seiten gewechselt und bist in die Moderatorenrolle geschlüpft. Wie war das für dich?

Peter: Eine Tour aufzusetzen, ist enorm komplex. Aber wenn man das oft genug gemacht hat, geht einem das relativ gut von der Hand. Den Interviewer zu geben war für mich eine völlig neue Nummer. Das war eine ziemliche Challenge! Wir haben das Format mit MagentaTV besprochen und versucht, so viel wie möglich in kurzer Zeit zu lernen. Wie machen wir das? Wie setzen wir so etwas erfolgreich um? Welche Strukturen brauchen wir, um für ein solches Gespräch alles abzurunden? Das war anstrengend und kleinteilig, hat aber auch enorm viel Spaß gemacht. Und es fühlt sich gut an, dass es von vielen Seiten den Wunsch gibt, das zu einer festen Einrichtung zu machen. Die Talkshow wird auch in Zukunft nicht die Dimensionen einer Tour einnehmen, ist aber trotzdem eine schöne Sache.

Neuland hast du in dieser Phase auch als Investor betreten. Zum ersten Mal in deinem Leben hast du dich an einem Start-up beteiligt. Die Kekz GmbH hat einen innovativen Kinderkopfhörer entwickelt. Warum bist du hier eingestiegen?

Peter: Das stimmt, ich habe so etwas noch nie zuvor gemacht. Aber das passte einfach zu uns. Es hat mit Musik zu tun, es hat mit Kreativität zu tun, da gibt es viele Anknüpfungspunkte. Ich glaube, dass Kekz eine schöne Perspektive hat, dass uns dieses Projekt kreativ fordern wird und dass daraus weitere Aktivitäten resultieren können. Und natürlich wünsche ich vor allem Carl und Adin, dass ihre Geschäftsidee zum Erfolg führt. Es ist kein Geheimnis, dass ich Carl und seine Familie schon lange kenne. Sein Vater spielt seit fast 30 Jahren in meiner Band. Dadurch ist natürlich ein Urvertrauen da, das ausschlaggebend war für unsere Partnerschaft. Ich glaube nicht, dass ich etwas Ähnliches ohne Weiteres mit irgendjemand anderem gemacht hätte.

Wie gefällt dir das Produkt selbst?

Peter: Audio triggert die Fantasie viel stärker als vorgefertigte Bilder, die nicht mehr veränderbar sind. Eine Geschichte zu hören bedeutet, dass du eigene Vorstellungen entwickelst und dir eigene Welten aufbaust. Dieser kreative Prozess ist wahnsinnig wertvoll und gerade die Kleinen machen sehr gerne solche Gedankenausflüge. Das kenne ich von unserer Tochter Anouk. Insofern hat Kekz auch einen tollen edukativen Charakter.

Carl, du hattest die Idee zu Kekz. Wie bist du darauf gekommen?

Carl: Ich bin selbst Vater. Eine meiner Töchter hat als Zweijährige gern Musik und Hörspiele über Kopfhörer gehört, die per Bluetooth mit meinem Handy verbunden waren. Wenn mal was nicht funktionierte, konnte sie sehr ungehalten reagieren. Bei längeren Autofahrten wiederum habe ich oft zwanzigmal „Backe, backe Kuchen" hören müssen. Also dachte ich, es wäre super, einen Kopfhörer, etwas Portables zu haben, womit Kinder ihre Musik und Hörspiele ganz einfach steuern können – so wie ich es früher mit meinem Walkman getan habe. Aber so etwas gab's nicht. Weder in Deutschland noch weltweit. Das war für mich dieser Moment, in dem ich dachte, das ist vielleicht was. Und dann habe ich es Adin Mumma, meinem Gründungspartner, erzählt. Das ist jetzt zwei Jahre her.

V. l. n. r.: Peter Maffay, Carl Taylor, Adin Mumma

Die innovativen und patentierten Kekzhörer bieten kindgerechte Unterhaltung für zu Hause und unterwegs. Dafür wird einfach ein Audiochip per Click & Play in die Ohrmuschel des Kekzhörers gesetzt, schon startet die Wiedergabe. Eine externe Audioquelle oder Internetverbindung ist nicht nötig. Zum Start von Kekz sind gut zwei Dutzend Hörspiele verfügbar. Das Angebot soll kontinuierlich ausgebaut werden.

CARL S. TAYLOR

Gemeinsam mit dem Industriedesigner Adin Mumma gründete Carl S. Taylor 2020 in München die Kekz GmbH. Nur ein Jahr später waren ihre innovativen Kekzhörer im Handel erhältlich. Die Kekzhörer spielen Hörspiele und Musik direkt durch einen runden Audiochip ab. Auf die Idee für sein Start-up kam der Familienvater, als er im Internet vergeblich ein vergleichbares Produkt für seine Kinder suchte. Bevor er sich selbstständig machte, war der Unternehmer bei Sony Music Entertainment Produktmanager für Künstler wie Die Fantastischen Vier, Silbermond, Clueso und Joe Cocker. Später leitete er den Bereich Marken- und Medienkooperationen für Sony-Music-Künstler. Der studierte Betriebswirt lebt mit seiner Familie in Aying bei München.

Du erwähnst deinen Gründungspartner, Adin. Hast du ihn gezielt ausgewählt oder war das eher ein Zufall?

Carl: Ich kannte Adin bereits über unsere Frauen, die schon länger befreundet sind. Meine Idee habe ich mit ihm geteilt, weil er einen anderen Background hat als ich. Ich komme aus der Musik, aus der Medienindustrie. Er ist Industriedesigner. Ich wusste, wenn ich das mache, brauche ich jemanden, der einen Konterpart zu mir bildet! Wir ergänzen uns wunderbar.

Peter, wie wichtig waren die richtigen Partner in deiner Karriere?

Peter: Ohne die richtigen Partner geht's nicht! Drüben im Büro sitzt ein Partner von mir, Dieter Viering, wir arbeiten seit 1971 eng zusammen. Wir haben viel voneinander gelernt. Er sitzt an dem einen Ende, ich an dem anderen – da ist viel Platz dazwischen. So können wir, wenn wir wollen, auch mal auf Distanz bleiben. Das funktioniert nun schon seit 50 Jahren. Da ist jemand, der mich – wie Carl das gerade ausgeführt hat – mit seinen Kompetenzen ergänzt. Und wenn man glaubt, das im Gegenüber entdeckt zu haben, wagt man diesen Sprung. Dann sagt man sich: Okay, Ärmel hoch, jetzt gehen wir's an!

War es so auch bei Adin und dir?

Carl: Absolut! Ich war bei Sony Music, hatte einen guten Job, es war alles okay. Wir haben gerade ein Haus gebaut, meine Frau war schwanger und dann hatte ich diese Idee. Man weiß nie, was passiert, aber der Gewinn ist oft umso größer, je mehr Risiken man eingeht. Dafür bietet einem das Leben bestimmte Gelegenheiten. Entweder man nutzt sie oder man lässt sie liegen. Und ich kenne viele Menschen, die zu mir sagen: Oh Carl, hätte ich damals doch bloß. Und das wollte ich mir nicht geben. Ich wollte nicht irgendwann zu irgendjemand sagen: Hätte ich bloß.

Peter: Zu einem erfüllten Leben gehört auch ein gewisses Quantum an Risiko. Das ist das Mittel, um wach zu bleiben, beweglich zu bleiben. Und es kann im Leben nicht schaden, wach zu bleiben.

„Wer nicht gewinnt, hat nichts gewagt. Ich geh' all in und setz' nur auf meine Zahl."

— aus dem Song „Weiter"

Du hast das Risiko offenbar nie gescheut und schon zu Beginn deiner Laufbahn immer wieder Neues gewagt. Sei es die Transformation vom Schlagersänger zum Deutschrocker oder später der Mut, als etablierter Rocker eine Märchenfigur wie Tabaluga zu schaffen.

Peter: Einfach war das nicht, da waren Widerstände zu überwinden. Mit dem Schlager „Du" hatten wir voll ins Schwarze getroffen. Und wenn du Erfolg hast, sagen viele: Lass uns weitermachen, es funktioniert. Die Plattenfirmen wollen und müssen natürlich Geld verdienen mit ihren Künstlern. Und so gab es Auseinandersetzungen, die auch für mich existenziell waren. Die hätten mich absägen können. Ich hatte dann das Glück, einen jungen Anwalt kennenzulernen, der mit meiner damaligen Plattenfirma einen Vertrag aushandelte, auf dem eigentlich alles fußt, was danach passiert ist. Dieser Vertrag war die Voraussetzung für autarkes Agieren. Und wir hatten das Glück, dass uns im gleichen Atemzug der Durchbruch gelang – mit „Steppenwolf", unserem ersten Nummer-eins-Album.

Wie wurde dein Imagewandel in der Musikbranche aufgenommen?

Peter: Ich kann mich noch an die vielen plakativen, teils sehr kritischen, teils zynischen Schlagzeilen erinnern, die es während dieser Metamorphose gab: „Schlager und jetzt macht er Rock." „Rock hat er irgendwie hinter sich, jetzt wird er auch noch Märchenonkel." Da hat man sich natürlich gefragt, wie verhält es sich denn mit dem „Ledermann für Jedermann".

Doch trotz aller Widerstände bist du deinen Weg konsequent weitergegangen und hast deine Ideen verwirklicht.

Peter: Das Geile an dieser Geschichte ist, dass es diese Lederjacke immer noch gibt. Und wenn ich sie nicht anziehe, kommen dieselben Leute und sagen: Mach mal wieder! Heute ist das Thema gegessen. Und die Widerstände, die es damals gab, waren für meine Entwicklung eher förderlich als hinderlich. Wenn einer gesagt hat, das stelle ich infrage, habe ich mich angestrengt, das zu entkräften. Und wenn es unangenehm wurde, hat es meinen Ehrgeiz noch mehr angestachelt.

„Es gibt Tiefen und Höhen, Berge und Täler. Und niemand weiß genau wohin. Oft entsteht Glück aus Scherben und Fehlern."

— aus dem Song „So weit"

Carl: Es gibt einen guten Spruch von Rocky Balboa, dem Filmboxer: „It's not about how hard you can hit; it's about how hard you can get hit and keep moving forward." Darum geht es! Entscheidend für den Erfolg ist das Durchhalten, nicht der Start. Ja, der Start ist wichtig, aber noch wichtiger ist das Durchhaltevermögen. Rückschläge wegstecken und mit Selbstvertrauen weitermachen. Niemals aufgeben. Das war bei Peter als Newcomer so und gilt auch für uns als junges Unternehmen.

Während Peter auf eine extrem erfolgreiche Karriere zurückblicken kann, steht ihr mit Kekz noch ganz am Anfang. Es liegt noch viel Arbeit vor euch.

Carl: So ist es! Wir sind erst seit November 2021 am Markt – mit einer ganz neuen Technologie, die die Menschen erstmal verstehen müssen. Das wird definitiv kein Sprint, sondern ein Marathon, für den wir einen langen Atem brauchen. Die ersten Käufer sind begeistert von unseren Kekzhörern, einige nutzen sie mehr als die Toniebox. Aber wir bleiben vorsichtig. Die Schulterklopfer tun wir zur Seite. Wir hören lieber auf die Mahner, die sagen, schau hier noch mal drauf, schau dort noch mal rein. Und der größte Fehler, den wir jetzt machen können, ist, uns zu viel zuzumuten. Ich bin ein Freund des Minimalismus, auch im Management. Wir müssen uns zunächst die Prozesse anschauen, alles sauber definieren und dürfen nicht zu früh zu viel wollen. Step by step.

Peter: Ein Umfeld zu haben, dass die richtigen Fragen stellt und auch bereit ist, Kritik zu äußern, finde ich enorm wichtig! Sonst lullt man sich ein, wenn man Erfolg hat. Dann wird man träge. Ein Beispiel: Vor etlichen Jahren saßen wir drüben im Tonstudio und versuchten, uns einen neuen Song drauf schaffen. Nach zwei Stunden warf unser Schlagzeuger Bertram Engel die Stecken einmal quer durch den Raum und sagte: „Mit alten Männern spiele ich nicht." Wir fanden das zunächst unglaublich arrogant. Als wir die Tracks gehört hatten, fanden wir, dass er recht hat. Wir waren schlecht vorbereitet und hätten mehr üben müssen. Hätte er gesagt, das reicht, das haut schon hin, hätten wir verloren. Solche kritischen Stimmen braucht jede Band, jedes Fußballteam, jedes Unternehmen, das auf Dauer Erfolg haben will.

Carl, was erwartest du dir von der Partnerschaft mit der Telekom? Eure Kekzhörer und Kekze gibt's in allen Telekom Shops.

Carl: Die richtigen Partner – darüber haben wir schon gesprochen – sind extrem wichtig. Man kommt zusammen, bündelt seine Kräfte. Die Telekom als großer Konzern liefert eine einzigartige Plattform, Kompetenz und Vertriebspower. Dafür sind wir sehr dankbar, weil wir das alles für unser Produkt gut gebrauchen können! Im Gegenzug geben wir unsere technische Innovation und die kindgerechten Inhalte in diese Partnerschaft. Daraus kann etwas Neues entstehen. Wir wollen vermitteln, dass Vorschulkinder nicht schon mit vier, fünf Jahren ständig vorm Handy oder Tablet sitzen müssen. Audioinhalte regen die Fantasie viel stärker an. Unsere Partnerschaft hat also auch eine soziale Komponente. Ich glaube, dass wir da gemeinsam viel bewirken können.

Die Telekom möchte ihre Kunden zu Fans machen. Welchen Rat hast du, Peter? Du hast in den vergangenen 50 Jahren Millionen Menschen zu Fans gemacht.

Peter: Du darfst nicht vorgeben, etwas zu tun, oder vorgeben, etwas zu sein. Du darfst nicht mehr versprechen, als du halten kannst. Die Menschen haben eine Intuition und die ist ausgeprägter, als man glaubt. Wenn du unaufrichtig wirst, merken sie das. Du kannst dich auf Dauer nicht verstellen. Darum solltest du immer bei der Wahrheit bleiben.

Carl: Ich denke, es hat viel mit Vertrauen zu tun. Top-Unternehmen oder Love Brands verfügen über ein großes Kundenvertrauen. Wir stehen erst am Anfang, Vertrauen aufzubauen bei unserer Zielgruppe. Aber dieses Trust Building ist aus meiner Sicht extrem wichtig, um Kunden zu Fans zu machen. Und wie gewinnt man Vertrauen? Peter hat es gesagt: Indem man tut, was man sagt. Ich tue gut daran, immer authentisch und glaubwürdig aufzutreten. Denn hinter jedem Unternehmen stehen Menschen. Und am Ende des Tages entscheidet die Haltung dieser Menschen, ob Konzertbesucher oder Kunden zu Fans werden.

„Wer zu den Sternen fliegt, … soll ruhig fliegen, doch den Boden unter den Füßen nicht verlieren.“

— aus dem Song „Wenn wir uns wiedersehen“

„Ohne Vertrauen keine Innovation“

Wer hätte das gedacht: Vertrauen, ein fest manifestierter Wert unserer Gesellschaft, wird zum Beweggrund für Veränderungen und zum harten Wettbewerbsfaktor für Unternehmen. Eva Schulte-Austum, Vertrauensexpertin und Wirtschaftspsychologin, zeigt auf, welches Innovations- und Erfolgspotenzial in Vertrauen steckt, warum ein Staubsauger auch mal teurer sein darf und weshalb Fehler erlaubt sind.

EVA SCHULTE-AUSTUM

Eva Schulte-Austum ist Wirtschaftspsychologin, Businesscoach, Keynote-Speakerin und „Deutschlands Vertrauensexpertin Nr. 1“ (ARD, ZDF, WDR). Sie berät Unternehmen zum Thema Führung, Change Management und New Work. Als Organisationsberaterin hilft sie Unternehmen, eine Vertrauenskultur zu etablieren, in der Mitarbeiter gerne arbeiten, freiwillig Verantwortung übernehmen und Veränderungen aktiv mitgestalten.

Frau Schulte-Austum, Sie sprechen in Ihren Vorträgen vom „Erfolgsfaktor Vertrauen". Warum macht Vertrauen erfolgreich?

Das Vertrauen entscheidet, ob sich ein Unternehmen positiv entwickeln und im Wettbewerb bestehen kann. Mitarbeitende, die ihrem Unternehmen vertrauen, arbeiten engagierter, motivierter und eigenverantwortlicher. Sie sind seltener krank und weniger wechselbereit. Sie denken im Sinne des Unternehmens, sind kreativ und treiben Innovationen voran. Kunden, die einem Unternehmen vertrauen, bleiben ihm treu, empfehlen es weiter und sind sogar bereit, einen höheren Preis für ein Produkt zu zahlen. Vertrauen ist also kein „Nice-to-have", keine Option. Vertrauen ist ein harter, messbarer Wert, der maßgeblich darüber entscheidet, wie erfolgreich ein Unternehmen ist.

„Vertrauen ist ein harter, messbarer Wert, der maßgeblich darüber entscheidet, wie erfolgreich ein Unternehmen ist. "

Warum ist Vertrauen speziell im Kundenkontakt und bei der Neugewinnung von Kunden so wichtig?

Kunden kaufen bei Unternehmen, denen sie vertrauen. Stellen Sie sich vor, Ihr Staubsauger hat den Geist aufgegeben und Sie brauchen Ersatz. Im Internet werden Sie direkt auf der ersten Seite fündig. Angebot Nr. 1 stammt von einem Händler in Ihrer Nähe. Der Name ist Ihnen bekannt, auch haben Sie gehört, dass der Service gut ist. Zudem gibt es viele positive Kundenbewertungen. Und wenn mal etwas kaputtgeht, können Sie es vor Ort reparieren lassen. Kosten: 200 Euro.

Angebot Nr. 2 führt Sie auf eine ausländische Webseite. Den Anbieter kennen Sie nicht. Rezensionen können Sie nicht direkt entdecken, nach langer Suche finden Sie einige kritische Stimmen. Dafür bietet Ihnen der Anbieter Ihren Wunsch-Staubsauger für 160 Euro an. Also satte 20 Prozent günstiger. Wo würden Sie Ihren Staubsauger bestellen? Die Verhaltensforschung zeigt: 8 von 10 Menschen in Deutschland wählen Angebot Nr. 1, auch wenn es teurer ist. Denn die Nähe zum Anbieter, die guten Erfahrungen, ob von Bekannten oder selbst erlebt, und positive Rezensionen entscheiden mit. Was zeigt: Vertrauen ist bares Geld wert. Vertrauen allein verkauft nicht. Aber ohne Vertrauen ist Verkaufen fast unmöglich.

Vertrauen ist die Grundlage von Kreativität und Innovation. Was meinen Sie damit?

Vertrauen ist wie ein Dünger, mit dem Ideen wachsen und sich zu echten Innovationen entwickeln können. Misstrauen hingegen frisst gute Ideen zum Frühstück. Vertrauen spielt auf drei Ebenen eine wichtige Rolle, wenn wir kreativ denken und innovativ handeln wollen: Vertrauen ins Unternehmen, Vertrauen in die Vorgesetzten und Vertrauen in sich selbst. Tatsächlich gibt es eine große Schnittmenge zwischen den ersten beiden Punkten.

> **„Vertrauen ist wie ein Dünger, mit dem Ideen wachsen und sich zu echten Innovationen entwickeln können."**

Können Sie das genauer erläutern?

Nur wo Mitarbeitende ihrem Unternehmen und Vorgesetzten vertrauen, sind sie bereit, bekannte Wege zu verlassen. Und genau diese Haltung brauchen wir. Deshalb ist es enorm wichtig, eine Vertrauenskultur zu entwickeln, in der Mitarbeitende sich trauen, neue Wege zu gehen. Denn dann entstehen neue Lösungen. Doch dabei verirren wir uns auch mal. Unwissende Führungskräfte nennen das dann häufig „einen Fehler". Ein Grund, warum deutsche Unternehmen nicht gerade Weltmeister sind, wenn es um Innovationen geht. Es mangelt an der dafür passenden Fehlerkultur. Denn sich zu verirren ist kein Fehler, sondern Teil des Weges. Ein Fehler wäre vielmehr, das zu merken, und dennoch unbeirrt weiterzugehen. Wir dürfen lernen zu akzeptieren, dass Umwege auf dem Weg zum Ziel dazugehören, ja sogar wichtig sind. Denn sie helfen uns, unsere Ideen zu überdenken, kritisch zu hinterfragen und so lange zu verbessern, bis daraus eine erfolgreiche Innovation wird.

> **„Es ist enorm wichtig, eine Vertrauenskultur zu entwickeln, in der Mitarbeitende sich trauen, neue Wege zu gehen."**

Was passiert, wenn Mitarbeitende ihren Führungskräften misstrauen?

Dann machen Mitarbeitende Dienst nach Vorschrift, sträuben sich gegen jede Form von Veränderung, fühlen sich überfordert, erfinden Ausreden, machen tatsächlich Fehler und vertuschen diese. Übrigens der häufigste Grund, warum Veränderungsprozesse in Unternehmen scheitern: fehlendes Vertrauen in die Vorgesetzten. Das kostet hierzulande jedes Jahr Milliarden.

Können Sie ein Beispiel nennen?

Der Dieselskandal von VW und die hohen Schadensersatzzahlungen. All das wäre vermeidbar gewesen, wenn es innerhalb des Konzerns eine Vertrauenskultur gegeben hätte, die kritische Fragen von Mitarbeitenden begrüßt, ernst nimmt und ihnen nachgeht. Stattdessen scheuten sich hochrangige Ingenieure, ihre Bedenken und Kritik an der bewussten Manipulation von Abgaswerten zu äußern. Sicher nicht zuletzt, weil ihnen das Vertrauen fehlte und sie Angst um ihren Job hatten. Das Ergebnis: der größte und teuerste Skandal der Unternehmensgeschichte von VW.

Sie sagen, dass auch Selbstvertrauen eine wichtige Rolle spielt, wenn es um Innovation und erfolgreiches Veränderungsmanagement geht.

Vertrauen in das Unternehmen oder die eigene Führungskraft reicht nicht aus, um kreative Ideen und innovatives Handeln zu fördern. Mindestens ebenso wichtig ist das Vertrauen der Mitarbeitenden in sich selbst. Selbstvertrauen: Ich vertraue mir, dass egal was passiert, ich in der Lage sein werde, mit dem Ergebnis umzugehen. Und hier wird es spannend: Ich erlebe im Coaching immer wieder Führungskräfte, die glauben: Die wichtigste Aufgabe einer Führungskraft ist, dass ihre Mitarbeitenden ihr vertrauen. Und das ist falsch. Die wichtigste Aufgabe einer Führungskraft ist, dass Mitarbeitende lernen, sich selbst zu vertrauen. Denn dann übernehmen diese freiwillig Verantwortung, entwickeln neue Ideen und wachsen über sich selbst hinaus. Erfolg ist dann nur die logische Folge – ob für das Unternehmen, das Team oder den Mitarbeitenden.

„Die wichtigste Aufgabe einer Führungskraft ist, dass Mitarbeitende lernen, sich selbst zu vertrauen."

Ihrer Meinung nach war die Pandemie ein Katalysator für eine neue Vertrauenskultur. Warum?

Die Pandemie und die Homeoffice-Pflicht waren in puncto Vertrauenskultur eine kleine Revolution. Kluge Führungskräfte haben sie genutzt, um etwas zu tun, das längst überfällig war: Sie haben ihren Mitarbeitenden mehr Vertrauen geschenkt. Dabei haben sie in den allermeisten Fällen positive Erfahrungen gemacht. Und auch die Forschung bestätigt: Mitarbeitende arbeiten im Homeoffice sogar effizienter und sind in vielen Fällen leistungsfähiger. Weil sie durch fokussiertes Arbeiten mehr schaffen, produktive Arbeitszeiten besser ausnutzen und motivierter sind, um das in sie gesetzte Vertrauen zu bestätigen. Psychologen nennen dies Pygmalion-Effekt – die positive Form der selbsterfüllenden Prophezeiung.

Wie revolutioniert das Homeoffice nun die Arbeitswelt? Und wie können Unternehmen davon profitieren?

Homeoffice veranlasste viele Führungskräfte zwangsläufig hin zu mehr Vertrauen und weniger Kontrolle. Für Unternehmen in der heutigen Zeit ist das elementar, denn Vertrauen schafft Schnelligkeit und senkt die Kosten. Damit ist Vertrauen ein wesentlicher Wettbewerbsfaktor, der Unternehmen noch erfolgreicher macht – und die Arbeitszufriedenheit steigert. Wer das erkennt und seine Führungskräfte danach handeln lässt, ist für die neue Arbeitswelt mit ständigen Veränderungen, steigender Komplexität, zunehmender Digitalisierung und globalisierten Märkten bestens aufgestellt.

Wie können Führungskräfte und Teammitglieder lernen zu vertrauen?

Die wirkungsvollste Art, Vertrauen aufzubauen, ist der Vertrauensvorschuss. Denn Vertrauen schafft Vertrauen. Wer anderen Vertrauen schenkt, macht wissenschaftlich betrachtet bessere Erfahrungen. Ein dänisches Sprichwort sagt: „Vertrauen ist gut, Kontrolle ist teurer." Denn Kontrolle kostet sehr viel Energie, Zeit, Nerven – und auch Geld. Vertrauen hingegen macht das Miteinander leichter, entspannter und angenehmer.

Dann stimmt also das Sprichwort „Vertrauen ist gut – Kontrolle ist besser" nicht?

Da nennen Sie den größten Mythos über Vertrauen, der sich hartnäckig hält. Und das, obwohl er, wissenschaftlich betrachtet, falsch ist. Weder Vertrauen noch Kontrolle sind per se gut oder schlecht. Vielmehr geht es darum, eine gute Balance zwischen beidem zu finden. Weg von „entweder oder" hin zu „sowohl als auch". Die Vertrauensforschung zeigt: Kontrolle, die als unterstützend erlebt wird, wird leichter akzeptiert und stärkt die Beziehung. Die Führungskraft, die sich ehrlich für ihre Mitarbeitenden interessiert und nachfragt, wie es läuft, der schenkt man gerne Vertrauen. Erleben Mitarbeitende hingegen Kontrolle als Ausdruck von Misstrauen oder empfinden sie als degradierend, schadet das der Beziehung. Als Chef darf man sich also öfter mal die Frage stellen: Wie viel Kontrolle braucht es wirklich – und wo kann ich einen Vertrauensvorschuss geben, der den Mitarbeitenden die Möglichkeit gibt, Eigenverantwortung zu übernehmen, sich weiterzuentwickeln und sein Selbstvertrauen zu stärken.

Wann schenken wir jemandem Vertrauen?

Ob wir jemandem vertrauen, hängt davon ab, wie wir drei Fragen für uns beantworten. Erstens nach der KOMPETENZ: Hat jemand das Wissen, die Erfahrungen und die Fertigkeiten, die es in der Situation braucht? Zweitens die Frage nach der POSITIVEN ABSICHT: Meint es die Person gut mit mir, denkt sie auch an mich und meine Bedürfnisse? Drittens die Frage nach INTEGRITÄT: Hält sich die Person an Vereinbarungen? Handelt sie nach den eigenen Werten? Und stärkt sie anderen auch dann den Rücken, wenn sie selbst negative Konsequenzen befürchtet?

Beantworten wir alle Fragen zu Kompetenz, positiver Absicht und Integrität mit „Ja", ist die Wahrscheinlichkeit sehr hoch, dass wir jemandem Vertrauen schenken – und nicht enttäuscht werden. Hier ist Vertrauen sinnvoll investiert. Beantworten wir auch nur eine dieser Fragen mit „Nein", hat es eine vertrauensvolle Basis schwer.

Haben Sie einen Tipp, wie es Menschen gelingt zu vertrauen, die sich noch schwer damit tun?

Manchmal ist Vertrauen ein zu großer Schritt. Etwa weil die Erfahrung fehlt oder die eigene Unsicherheit zu groß ist. In diesem Fall ist ein Zwischenschritt hilfreich: Zutrauen. Jemandem etwas zuzutrauen bedeutet, es erst einmal für möglich zu halten. Etwa dass Mitarbeitende auch im Homeoffice gewissenhaft arbeiten – und sich melden, wenn sie alleine nicht weiterkommen. Zutrauen ist oft der kleine Samen, aus dem Vertrauen wachsen kann.

Zusammengefasst: Was braucht man, um anderen zu vertrauen?

Das Wichtigste ist Selbstvertrauen. Das macht die Entscheidung, zu vertrauen, deutlich leichter. Vertrauen ist vor allem eines: eine persönliche Entscheidung. Zudem hilft es zu wissen, dass Misstrauen uns nicht vor Enttäuschungen schützt, sondern diese besonders wahrscheinlich macht. Psychologen sprechen hier vom Golem-Effekt, der negativen Form der selbsterfüllenden Prophezeiung. Menschen einen Vertrauensvorschuss zu geben ist in den meisten Fällen eine kluge Entscheidung, wenn man positive Erfahrungen machen und etwas verändern möchte.

„Die wirkungsvollste Art, Vertrauen aufzubauen, ist der Vertrauensvorschuss. Denn Vertrauen schafft Vertrauen."

Prof. Dr. Matthias Gouthier,
Inhaber des Lehrstuhls für Marketing und elektronische Dienstleistungen sowie Leiter des Center for Service Excellence am Institut für Management der Universität Koblenz-Landau

„So wie sich ein Superstar fortwährend neu erfinden muss, um sein Publikum über die Jahre hinweg kontinuierlich zu begeistern, so müssen auch Services den Kunden immer wieder aufs Neue positiv überraschen. Service Excellence ermöglicht es Unternehmen, an den richtigen Stellschrauben zu drehen. Dazu zählen eine kundenzentrierte Ausrichtung, ein leidenschaftlicher Spirit als auch passgenaue Systeme. Das Resultat überzeugt: hervorragende Kundenerlebnisse und ein exzellentes Serviceniveau.“

„Darwin's Erkenntnis des ‚Survival of the fittest' gilt auch für Unternehmen. Nicht die Stärksten, sondern die Anpassungsfähigsten überleben. Marken und Unternehmen müssen sich ständig neu erfinden, weil sich Technologien, Märkte, Wettbewerber und Kundenanforderungen ändern. Top-Performer machen dies aus einer klaren Haltung heraus: mit einem Purpose, einer klaren Vision, überzeugenden Werten und einer starken Marke. Re-Invent heißt für mich, dass Unternehmen sich aus ihrem Purpose und der Kraft der Marke neu erfinden müssen. Re-Invent heißt aber auch, am Puls der Kundenbedürfnisse zu sein und diese zum Maßstab neuer Leistungen zu machen. Erst daraus resultieren ein Markenerleben und eine nahtlose Kundenreise, welche Kunden immer wieder aufs Neue begeistern und nicht kopierbar sind. Denn am Ende zahlt der Kunde die Rechnung."

Prof. Dr. Franz-Rudolf Esch,
„Markenpapst" und Gründer von ESCH. The Brand Consultants

Mit Innovation und Stabilität Kundenbindung schaffen

Apotheken zählen zu den Gewinnern der Pandemie: Masken, Tests und Impfzertifikate haben selbst Kunden, die Arzneimittel sonst im Internet ordern, wieder an die Filialen vor Ort gebunden. Trotzdem steckt die Branche durch die wachsende Online-Konkurrenz und fehlenden Nachwuchs in einer Existenzkrise. Eine Apothekerin, die sich dem Trend entgegensetzt, ist Helga Neumann-Seiwert, Gründerin der Stadtapotheke in Saarbrücken.

Frau Neumann-Seiwert, zwar ist auch heute noch in keinem Bundesland die Apothekendichte so hoch wie im Saarland, aber dennoch ist die Zahl der Apotheken seit der Jahrtausendwende auch hier massiv zurückgegangen. Mehr als jede fünfte Apotheke wurde seither geschlossen. Wie haben Sie es geschafft, sich über mehr als drei Jahrzehnte so zu differenzieren und immer wieder Kunden für sich zu gewinnen, um diese Entwicklung schadlos zu überstehen?

Ich konnte unsere Kunden für meine Apotheke begeistern. Für mein Empfinden entsteht Begeisterung aus Neuigkeiten und unvorhersehbaren Überraschungsmomenten. Ich selbst bin ein neugieriger Mensch und an Innovationen und Besonderheiten interessiert. Das liegt mir im Blut. Schon mein Großvater ist 1900 zur Weltausstellung nach Paris gefahren, um sich neue Anregungen für sein Immobiliengeschäft zu holen. Ich habe mich außerdem immer darum bemüht, Trends zu erkennen. Dazu stand ich immer in regem Austausch mit Kollegen, habe mir von anderen Branchen abgeschaut, was dort funktioniert, mich belesen und Seminare besucht. Den daraus erwachsenen Ideenreichtum, verknüpft mit Kreativität, konnte ich stets für mein Business nutzen – und das Ergebnis hat die Kunden nachhaltig überzeugt.

So ein Innovationsgeist ist ohne persönliche Risikobereitschaft kaum möglich. Immerhin haften Sie ja mit Ihrer Approbation und Ihrem Vermögen für den Erfolg oder Misserfolg Ihres Geschäfts.

Diese Bereitschaft, gegebenenfalls auch mit Neuem zu scheitern, habe ich in den Genen. Ich bin schon während des Studiums das Risiko eingegangen, ein Etienne-Aigner-Lederwarengeschäft zu eröffnen, was mit einem hohen finanziellen Engagement verbunden war. Dort habe ich als blutjunge Unternehmerin mit 24 Jahren Betriebswirtschaft, Kundenorientierung und Mitarbeiterführung erlernt. Dabei bin ich auch immer mal nach dem Prinzip „Trial and Error" vorgegangen: Eine neue Idee funktioniert oder eben nicht. In diesem Sinne spielt die Schnelllebigkeit des Apothekengeschäfts einem ‚Ausprobieren' durchaus in die Karten. Und aus den Innovationen, die im Kundenkontakt funktionieren, entsteht eine Erfolgsspirale. Mit dieser Philosophie habe ich meine Apotheke in den vergangenen 31 Jahren vom Zwei-Mann-Betrieb ständig ausgebaut und 2021 mit 45 Mitarbeitern an meinen Sohn übergeben. Dazu gehört wie gesagt auch, langfristige Trends im Gesundheitswesen und in der politischen Ausrichtung von Apotheken stets im Blick zu behalten.

„Begeisterung entsteht aus Neuigkeiten und unvorhersehbaren Überraschungsmomenten."

Bundesweit bekannt wurden Sie als die Apothekerin, die DocMorris in Ihrer Stadt zur Aufgabe zwang. Bis vor den EuGH haben Sie geklagt, da die von den Holländern betriebene Online-Apotheke gegen des sogenannte Fremdbesitzverbot verstieß. Was war Ihre Motivation?

Die Tatsache, dass ich mit meiner ganzen Person hinter dem klassischen, seriösen Apothekerwesen stehe. Es ist meine Grundüberzeugung, dass der Apotheker ein eigenständiger Heilberufler sein muss, der mit seiner Approbation und seinem Privatvermögen haftet. So steht es im Gesetz, im Apothekenrecht unter Fremdbesitzverbot. Wie ein Arzt, der den hippokratischen Eid leistet, steht auch der Apotheker mit seiner Ethik dafür, seine Kunden bestmöglich zu beraten. Der Profit steht erst an zweiter Stelle und ist kein Selbstzweck. Nur dann erhalten die Kunden in einer Apotheke die Problemlösung, die sie brauchen. DocMorris dagegen ist eine profitorientierte Kapitalgesellschaft. Deshalb habe ich noch am Tag der DocMorris-Filialeröffnung, die gegen das Fremdbesitzverbot steht, Klage eingereicht, den Rechtsstreit durch alle Instanzen bis zum EuGH geführt und schlussendlich dort gewonnen.

Diese vielleicht tradiert klingende Überzeugung ist im Übrigen kein Widerspruch zu meiner Innovationsbegeisterung, im Gegenteil. Dass zwischen Apotheker und Kunde ein Vertrauensverhältnis bestehen muss, klingt erst einmal altmodisch, ist es aber nicht. Denn gerade in dieser Zeit, in der die Kunden mit einer großen Informationsflut konfrontiert sind, suchen sie bei uns Sicherheit, Authentizität und eine faire Beratung. Nur durch die Kombination von beidem – Innovation und Stabilität – ist es mir gelungen, die notwendige Kundenbindung zu schaffen. Dazu brauchen wir in der Beratung eine hohe fachliche und soziale Kompetenz sowie die Bereitschaft, auch mal Nein zu sagen, wenn ein Medikament dem Kunden nicht zuträglich wäre. Selbst dann, wenn ich damit gegen meine eigenen pekuniären Interessen verstoße.

Wie haben Sie Ihr Angebot und die Interaktion mit Ihren Kunden in mehr als drei Jahrzehnten immer wieder der Zeit angepasst und sich in gewisser Weise permanent neu erfunden?

Das ist ja eine notwendige ständige Entwicklung. Konkrete Beispiele demonstrieren vielleicht am ehesten, was ich damit meine: Schon als Newcomerin Anfang der 80er-Jahre habe ich angefangen, für sogenannte Randsortimente wie etwa Zahncreme Drogeriemarktpreise zu nehmen und

Preismarketing zu machen. Das war hier vor Ort in Apotheken etwas ganz Neues. Gleiches gilt für das Angebot von Kleindiagnostik – Stichwort ‚Zucker, Blutdruck, Leberwerte'. Von den ansässigen Ärzten verpönt, haben viele Kunden das gleichwohl in Anspruch genommen. Neu war die Entwicklung von Schulungsprogrammen, um Mitarbeiter für Themen wie Diabetes, Hormone und Asthma gezielt zu qualifizieren. Wenn etwas gut lief, wie die Einführung eines Lieferdienstes etwa, habe ich es weiter ausgebaut. So gab es u. a. auch Prämiensysteme für Mitarbeiter oder den „Saartaler" als Kundenanreiz bei uns lange vor unseren Mitbewerbern. Aber im Bestreben, unser Angebot Schritt für Schritt zu erweitern, gab es natürlich auch Flops. So waren wir z. B. mit dem Angebot einer Ernährungsberatung oder eines Wellness-Shop-in-Shops unserer Zeit einfach voraus. Was heute Standard ist, hat damals noch niemanden interessiert. Stattdessen haben wir dann den Shop-in-Shop auf Kosmetik umgestellt, und das lief hervorragend. Alles in allem haben wir immer neue Kundenbindungsprogramme erfunden, umgesetzt und uns auf diese Weise konsequent verbessert.

Und wie halten Sie es in Ihrer Apotheke mit der Einführung neuer Technologien?

Auch in puncto Digitalisierung haben wir uns immer wieder neu erfunden. Meine Apotheke hat schon in den 90er-Jahren zur vollautomatischen, bedarfsorientierten Bestellung eine Anbindung des Warenwirtschaftssystems an unsere Großhändler gehabt. Als erste Apotheke im Saarland haben wir einen vollautomatischen Einlagerungs- und Auslagerungsroboter installiert, um unsere 18.000 verschiedenen Artikel für unsere Kunden schnellstmöglich im Zugriff zu haben. Also auch in digitaler Hinsicht waren wir immer auf der Höhe

HELGA NEUMANN-SEIWERT

Apothekerin Helga Neumann-Seiwert verbindet Tradition mit Innovation, Risikobereitschaft für neue Wege mit einer klassischen vertrauensbasierten Customer Experience. Ob als Modeverkäuferin oder Apothekerin – die Saarländerin ist Geschäftsfrau durch und durch und beseelt mit einer beflügelnden Neugier. In 31 Jahren hat sie die Saarbrücker Stadtapotheke vom Zwei-Mann-Betrieb zu einem 45-köpfigen Unternehmen ausgebaut. Die Pharmazeutin kämpfte erfolgreich gegen DocMorris und für das klassische inhabergeführte Apothekerwesen als Trusted Advisor vor Ort in allen Gesundheitsfragen. Gleichzeitig setzt sie auf Digitalisierung, Stabilität, Mitarbeiterqualifikation und flache Hierarchien. Vor zwei Jahren hat sie ihr erfolgreiches Business an die nächste Generation weitergegeben.

„Wenn ich mich mit mir wohlfühle, dann kann ich das ans Team abstrahlen, und wenn sich das Team wohlfühlt, kann es das an die Kunden weitergeben.“

der Zeit. Auf diesem Niveau, das wir konstant hochhalten und an neue Entwicklungen anpassen, wird mein Sohn als Nachfolger beispielsweise in Zukunft auch das E-Rezept beliefern können.

Parallel dazu habe ich auch verschiedene Apothekengruppierungen mitgegründet. Die erfolgreichste unter ihnen ist die „1A-GESUND Kooperation“, die einen im Saarland und in Rheinland-Pfalz quasi flächendeckenden Zusammenschluss von heute mehr als 50 Apothekern zum Zwecke gemeinsamer Auftritte in den Bereichen Service, Marketing, Einkauf und Personalentwicklung darstellt.

Bei Ihrem jahrzehntelangen Innovationskurs – wie haben Sie da auch Ihre Mitarbeiter immer mitgenommen?

Zum einen hat meine eigene Begeisterung die Mitarbeiter mitgerissen, zum anderen habe ich gelernt, ihre Kompetenzen zu fördern und ihnen genug Spielraum für eigene neue Themen zu lassen. Das erzählt einem jedes Führungsseminar. Es wird aber selten verinnerlicht und gelebt. Außerdem muss die soziale Empathie innerhalb des Teams stimmen. So haben wir gemeinsam in einem Workshop unsere Geschäftsphilosophie entwickelt: „Wohlbefinden von innen nach außen“. Das bedeutet konkret: Wenn ich mich mit mir wohlfühle, dann kann ich das ans Team abstrahlen, und wenn sich das Team wohlfühlt, kann es das an die Kunden weitergeben, und die werden auch wieder zu Multiplikatoren und geben das weiter. Der Saarländer sagt dazu: „Großes entsteht immer im Kleinen.“ Das gilt auch für Begeisterung.

Welchen Tipp können Sie als erfolgreiche Entrepreneurin Newcomern geben?

1. Wenn man fachliche mit sozialer Kompetenz kombiniert, bekommt man den Kunden ins Boot d. h. das Kundenproblem verstehen und es individuell und schnell lösen. Dabei ist die authentische Ansprache essenziell.

2. Das Team begeistern, sodass diese Firmenphilosophie gelebt wird.

3. Fachlich, technisch und digital immer am Ball bleiben. Und konsequent Innovation nutzen, um den Kunden mit überraschend Neuem zu begeistern.

Vom traditionellen Fleischverarbeiter zum First Mover im Fleischersatzmarkt

Die Evolution der Rügenwalder Mühle zum Vorreiter bei Fleischersatzprodukten in Deutschland hat nicht nur zum Umdenken einer ganzen Branche beigetragen, sondern offensichtlich auch viele Konsumenten neugierig gemacht. Längst holt das Unternehmen nicht mehr nur überzeugte Wurstesser, sondern alle – von Flexitariern über Vegetarier und Veganer bis hin zu Fleischessern – an einen Tisch. Michael Hähnel wurde Anfang 2020 CEO des Familienunternehmens und führte es durch das umsatzstärkste und zugleich herausforderndste Jahr in der Unternehmensgeschichte – nicht zuletzt wegen der Coronapandemie. Wie er seither den Wandel mit Innovationskraft vorantreibt und dabei den Wurzeln der „roten Mühle“ treu bleibt.

MICHAEL HÄHNEL

Michael Hähnel ist seit Januar 2020 Geschäftsführer und Vorsitzender der Geschäftsleitung Rügenwalder Mühle. Mit Tatkraft – so sieht es sein Team – und ausgeprägtem Gestaltungswillen sowie Mut zur Veränderung – so beschreibt er es – hat er sich der Aufgabe verschrieben, das Traditionsunternehmen in die Zukunft zu führen und dabei den Wachstumskurs zu halten. Zuvor war er als Vorstand der Bahlsen Gruppe und in verschiedenen internationalen Top-Management-Positionen bei Beiersdorf tätig. Als bekennender Flexitarier passt der Diplom-Kaufmann auch in Bezug auf das Produkt bestens zur Rügenwalder Mühle. Auch wenn er gelegentlich ein Stück Fleisch auf dem Teller mag, möchte er die Veggie-Sparte weiter ausbauen. Für den Kunden perfekt: „Es ist für jeden etwas dabei."

Ich bewundere die Rügenwalder Mühle schon seit jeher, weit bevor ich hier CEO geworden bin. Das Unternehmen steht seit 1834 für beste Qualität und handwerkliche Tradition. Damals wie heute gilt der Leitsatz „Wurstmachen ist Charaktersache". Das steht nicht nur für die Familiengeschichte und die ursprüngliche Heimat in Pommern, sondern auch für vermeintlich altmodische Tugenden wie Fleiß und Ehrlichkeit, seit Generationen bewährte Rezepturen und größte Sorgfalt bei der Auswahl und Verarbeitung von Rohstoffen und Gewürzen. Auch heute – fast 190 Jahre später und in einer

Zeit, in der fleischfreie Ernährung in der Mitte der Gesellschaft angekommen ist – schätzt man die Rügenwalder Mühle noch dafür, wofür man das bereits früher tat: für ihre leckeren Produkte. Mit dem Unterschied, dass sie heute nicht nur Fleischliebhaber, sondern alle – von Veganern und Vegetariern über Flexitarier bis hin zu Fleischessern – an einen Tisch holt.

Eine mutige Idee wird Realität

Die Entwicklung vom traditionellen Fleischverarbeiter zu einer der führenden Größen auf dem Fleischersatzmarkt nahm vor genau zehn Jahren ihren Anfang. 2012 hinterfragte der damalige Leiter Forschung und Entwicklung den Status quo und überlegte sich, wie es wäre, wenn wir Wurst machen könnten, die genauso lecker schmeckt, aber nicht aus Fleisch gemacht ist. Innovationskraft gehörte schon immer zur DNA der Rügenwalder Mühle, weshalb diese mutige Idee eines Mitarbeiters mit solch unternehmerischer Weitsicht direkt auf fruchtbaren Boden stieß. Mit dem Vertrauen des Firmeninhabers Christian Rauffus im Rücken und den Strukturen eines Mittelständlers wurde sie kurzerhand in die Tat umgesetzt.

Als 2014 unsere ersten Wurstalternativen auf den Markt kamen, hat die Branche das zunächst belächelt. Zu der Zeit gab es noch keinen richtigen Markt für Fleischalternativen in Deutschland. Daten, Forschung oder Erfahrungen mit dieser Art von Produkten fehlten gänzlich. Deshalb haben wir ProVeg, eine Nichtregierungsorganisation, die sich für die Veganisierung einsetzt, mit ins Boot geholt. Sie haben uns bei der Entwicklung unserer ersten Fleischersatzprodukte begleitet. Das hat uns geholfen, die ersten Vegetarier von unseren Produkten zu überzeugen – und gab uns die Gewissheit, dass wir uns das nötige Know-how noch aufbauen sollten.

Von Fridays for Future bis zum „Corona-Effekt"

2018 wurde ich Mitglied im Aufsichtsrat der Rügenwalder Mühle. Zu der Zeit feierte die Fridays-for-Future-Bewegung gerade große Erfolge. Schüler und Jugendliche streikten fürs Klima und trugen damit auch Themen wie die Auswirkung von Ernährung auf den Klimawandel in die Küchen der Familien. Diese gesamtgesellschaftliche Entwicklung brachte rückblickend eine neue und nicht weniger wichtige Zielgruppe für unsere Fleischersatzprodukte hervor: die Flexitarier. Das sind Konsumenten, die gelegentlich Fleisch und Wurstprodukte essen, bewusst Fleisch von ihrem Speisenplan streichen oder ihren Fleischkonsum in Zukunft reduzieren möchten. Zur gleichen Zeit nahmen wir den ersten massiven Wachstumsschub im vegetarisch-veganen Segment wahr. Wir hatten mit unseren Fleischersatzprodukten Wachstumsraten von über 60 Prozent innerhalb von 15 Monaten (Oktober 2018 – Januar 2020) erreicht.

Als ich am 1. Januar 2020 die Geschäftsführung übernahm, befanden wir uns bereits mitten im Wandel. Und dennoch war das erst der Anfang. Denn das Jahr 2020 stellte uns alle vor eine bis dahin unbekannte Krise – die Coronapandemie. Neben der Herausforderung, für den Schutz aller Mitarbeiter zu sorgen und ausreichend Masken und

„Man kann mit einer Hand voll Menschen unglaublich viel bewegen. Wir mögen in unserem Forschungs- und Entwicklungsteam nicht so viele Mitarbeitende haben wie bekannte Konzernriesen. Dafür haben wir aber genau die richtige Anzahl für unsere Größe und vor allem Menschen mit dem passenden Mindset.“

Tests zur Verfügung zu stellen, sahen wir uns noch mit einer ganz anderen Aufgabe konfrontiert. Denn der Fleischersatzmarkt nahm während der Coronapandemie ordentlich an Schwung auf. Verstärkt durch die Maßnahmen zur Eindämmung des Virus setzten sich die Menschen zu Hause noch mehr mit dem Thema Ernährung auseinander – und viele entschieden sich dafür, als Flexitarier häufiger kein Fleisch zu essen oder den Fleischkonsum bewusst einzuschränken. Durch diesen „Corona-Effekt“ hatten wir in manchen Wochen Wachstumsraten von über 100 Prozent – und machten im Juli 2020 erstmals mehr Umsatz mit unseren Fleischersatzprodukten als mit den klassischen Artikeln aus Fleisch.

Warum die „rote Mühle“ überzeugt

Heute ist fleischfreie Ernährung längst keine Nische mehr, sondern in der Mitte der Gesellschaft angekommen. Die Gründe dafür sind vielfältig und reichen von Klimaschutz über Gesundheit bis hin zu Tierwohl. Flexitarier machen zahlenmäßig unsere größte Zielgruppe aus. Nichtsdestotrotz sind Veganer und Vegetarier aber genauso wichtig, weil sie unsere Produkte deutlich häufiger kaufen. Wie wir alle überzeugen konnten? Indem wir Verbrauchern einen guten Grund für fleischfreie Ernährung bieten: den Geschmack. Denn auch wenn Fleischkonsum zunehmend kritischer gesehen wird, mögen die meisten Menschen den Geschmack und die Textur weiterhin. Unsere Strategie ist daher, Produkte zu entwickeln, die genauso aussehen, ebenso lecker schmecken und den gleichen Biss wie die bekannten Produkte aus Fleisch haben.

Beim Einstieg in den Fleischersatzmarkt hatten wir außerdem einen klaren Vertrauensvorschuss unserer Kunden. Mit unserer fast 190-jährigen Tradition in der Wurstherstellung sind wir bei Verbrauchern überaus bekannt und beliebt. Schon allein unsere Pommersche landet seit Generationen auf deutschen Tellern. Und weil Verbraucher unseren Fleischprodukten und deren Qualität vertrauen, tun sie das auch bei unseren vegetarischen und veganen Artikeln. Das war ein Vorteil gegenüber einigen Wettbewerbern, die überhaupt erst einmal Fuß auf dem Markt fassen mussten.

Hinzu kommt ein betrieblicher Vorteil. Die Technologien, die wir bei der Produktion von Wurst und pflanzlichen Alternativen nutzen, sind ähnlich. Unsere Fleischermeister können weiterhin ihren Job ausüben, nur eben nicht mehr nur mit dem Rohstoff Fleisch, sondern auch mit Erbsen und Soja. So ist unser Veggie-Bereich zwar räumlich strikt von unserer Fleischproduktion getrennt, aber unsere Belegschaft kann flexibel arbeiten. So konnten wir auch intern während dieser Transformation ein gutes Maß an Beständigkeit bieten.

Die Marke ist unser Heiligtum

Bei all den gesamtgesellschaftlichen Entwicklungen haben wir auch immer weiter an unserer Markenstrategie gearbeitet. Schon bei Beiersdorf, Johnson & Johnson und Bahlsen habe ich von der Pike auf gelernt, dass unser Name unser absolutes Heiligtum ist. Als CEO der Rügenwalder Mühle ist es meine Pflicht, der Marke zu dienen. Nicht zuletzt, weil die Inhaberfamilie mir als erstem externen Geschäftsführer ein extrem großes Vertrauen entgegengebracht hat. Das gibt mir Rückenwind, die Rügenwalder Mühle Tag für Tag mit Mut und Neugier weiterzuentwickeln. Wir sehen uns als erfolgreiche Marke sowohl auf dem Fleisch- als auch auf dem Fleischersatzmarkt. Dabei wollen wir alle an einen Tisch holen und gehen von mündigen Verbrauchern aus, die die Vielfalt und die Wahl haben möchten.

Natürlich täuschen all diese Erfolge nicht darüber hinweg, dass wir noch viel Arbeit vor uns haben und es Kraft kostet, sich weiterzuentwickeln und sich täglich neu zu erfinden. Ich spreche hier gerne von Wachstumsschmerz. Gerade in den vergangenen zwei Jahren sind viele große Konzerne mit auf den Zug aufgesprungen und haben neue Produkte für den Fleischersatzmarkt entwickelt. Und doch wachsen wir immer noch überproportional zum Markt und gestalten ihn mit. Mein Antrieb ist, mich nicht auf guten Ergebnissen und Umsatzzahlen auszuruhen. Sondern schon jetzt zu schauen, wie wir Kapazitäten schnell ausbauen, in den Standort investieren, Arbeitsplätze sichern und unsere Verantwortung für mehr Mitarbeitende und als Arbeitgeber in der Region wahrnehmen.

Dabei ist es mir persönlich wichtig, jeden Mitarbeitenden zu ermutigen, Entscheidungen zu treffen, Verantwortung zu übernehmen und neugierig zu sein. Wir wollen die Dinge anders machen und „out of the box“ denken. Unseren Mut haben wir schon vor der Veggie-Produktion mit diversen Produktinnovationen bewiesen. Die Frage „Was wäre, wenn wir ein Produkt anders herstellen könnten und es genauso schmeckt?“ müssen wir uns als Unternehmen jeden Tag aufs Neue stellen. Diese Haltung teilen alle, denen man bei der Rügenwalder Mühle begegnet.

Zukunft der Fleischalternativen

Wir erwarten, dass die Entwicklung des veganen Lifestyles sowohl national als auch international künftig weiter stark vorangetrieben wird. Die Wissenschaft beschäftigt sich schon jetzt damit, wie unsere Ernährung in Zukunft aussehen könnte. Wird es sich zum Beispiel bewahrheiten, dass 2040 etwa 35 Prozent des Fleisches „aus dem Labor“ kommt? Fest steht: Das Thema Fleischalternativen der Zukunft werden wir nicht allein aus Bad Zwischenahn lösen können. Wir haben aber den notwendigen Ehrgeiz, um vorhandenes Wissen zusammenzutragen und für uns passende Lösungen zu finden.

Eine davon ist der Anbau von Soja in Deutschland. Im Herbst 2020 konnten wir rund 111 Tonnen unserer ersten eigenen Ernte einfahren, seit 2021 haben wir unsere Anbaufläche jährlich verdoppelt. Klar ist aber auch, dass Soja als Rohstoff für Fleischersatz nur eine Zwischenstation ist. Unser Team aus der Forschung & Entwicklung arbeitet mit weiteren vielversprechenden Proteinquellen wie Lupinen, Kartoffeln oder Ackerbohnen daran, Alternativen für Soja zu entwickeln. Am Ende entscheiden die Verbraucher, ob sie in Zukunft Fleischersatzprodukte auf Basis von „Cultured Meat“ oder aus pflanzlichen Proteinquellen essen wollen.

Meine persönliche Mission für die Zukunft der Rügenwalder Mühle? Dass ich das, was man mir Anfang 2020 anvertraut hat, vertrauensvoll weiterentwickeln, auf das nächste Level heben und der nächsten Generation ein gesundes Team und Unternehmen übergeben kann. Ich wünsche mir, dass irgendwann mal jemand auf die Ära Hähnel zurückschaut und feststellt: Dieses Team hat in Zeiten des Wandels nicht nur extrem viel erreicht und das Unternehmen Tag für Tag neu erfunden, sondern ist auch seinen Wurzeln als Familienunternehmen immer treu geblieben. Wir haben mit der „roten Mühle“ eine sehr starke Marke, die viel leisten kann – schauen wir, was die Zukunft noch bringt.

Mehr als „gudd gess“

Im Saarland sagt man: „Hauptsach gudd gess!“. Bei Catalina Kremers-Da Palma ist das nur ein Teil des Erfolgsrezepts: Sie leitet das Restaurant „Tante Maja“ in Saarbrückens denkmalgeschütztem Stadtkern und beweist ein gutes Gespür für Geschmack und Wünsche ihrer Gäste. Ihre Zutaten? Eine einladende Atmosphäre, angereichert mit Empathie. Dazu abwechslungsreiche Speisen und Getränke aus den Küchen Europas, verfeinert mit einer Prise Überraschung – und on top ein überzeugender Service.

Frau Kremers-Da Palma, was ist wichtig, um aus Gästen begeisterte Stammkunden zu machen?

Als Gastronomin habe ich folgende Kernaufgaben: das Vertrauen der Gäste zu gewinnen mit leckeren Gerichten auf der Speisekarte sowie exzellentem Service, preislich auf dem Teppich zu bleiben und auf Trends und neue Ernährungsformen einzugehen, indem ich regional und nachhaltig agiere und Veganer ebenso herzlich zu Tisch bitte wie Fleischliebhaber. Das sind die Grundpfeiler, die für mich ein erfolgreiches Restaurant ausmachen. Dabei achte ich immer darauf, nichts zu versprechen, was ich nicht halten kann – und mehr zu liefern als erwartet.

Welchen Wandel hat das traditionsreiche Restaurant unter Ihrer Führung durchlaufen?

Das Eckhaus, in dem das „Tante Maja“ residiert, gehört zu den ältesten Häusern im Zentrum von Saarbrücken. 1759 wurde es errichtet, eines der Wahrzeichen am Marktplatz. Es war schon Kutscherhaus, Schankstube, Bordell und Bistro. Ich begann 2002 als Servicemitarbeiterin und erlebte unterschiedlichste Besitzer und Konzepte. 2007 ergriff ich die Chance und wurde selbst Betreiberin des „Tante Maja“ – ohne Vorwissen in den Bereichen Einkauf, Geschäftsführung und Mitarbeiterführung. Von 2008 bis 2012 fand mein Leben fast ausschließlich im Restaurant statt. Von morgens um sieben bis nachts war ich da, oft wurde es drei Uhr früh, denn manchmal wurde das Restaurant noch zur Partyzone. Bei der Speisekarte legen wir großen Wert auf Abwechslung: Neben der deutschen Küche gibt es Pasta und Salate – und unsere Flammkuchen sind legendär. Hinzu kommen kulinarische Ausflüge, zum Beispiel nach Frankreich oder Italien, begleitet von passenden Getränken. All das zu überlegen und zu organisieren braucht Zeit. Aber es lohnt sich. Denn was gut und abwechslungsreich ist, zieht die Menschen

an. Dass sie wiederkommen, liegt dann am Gesamtpaket – vom Ambiente bis zu unserem Service.

Was bedeutet hervorragender Service für Sie?

Ich wollte von Anfang an ein Restaurant zum Verweilen und Freundetreffen, ohne abgehobene Preise und mit beliebten Gerichten. Über allem steht dann der Service, und der beginnt mit der richtigen Einstellung. Als Betreiberin muss das von mir vorgelebt werden und die Belegschaft muss meinen Ansatz für sich adaptierten. Wir sind ein personenbezogenes Geschäft. Hier steht der Mensch im Mittelpunkt. Wir versuchen daher, die Bedürfnisse und Vorlieben der Kunden schnell zu erkennen – und sie uns zu merken. Das beginnt beim Namen und geht nahtlos über in spezielle (Ernährungs-)Wünsche wie Hafermilch im Cappuccino. Auch die Bewertungen auf den Online-Portalen sind ein guter Indikator für uns. Das beobachte ich sehr genau, und in den regelmäßigen Personalversammlungen gehen wir immer wieder durch, wo wir uns noch verbessern können.

Arbeiten Sie bis heute zu 100 Prozent mit im täglichen Service? Wie schaffen Sie das alles?

Tatsächlich habe ich selbst 2014 einen Perspektivenwechsel eingeleitet, um nicht mehr nur im Service zu stehen, sondern mehr am Unternehmen arbeiten zu können. Den Blick für das zu schärfen, was man verändern will und noch mit einbringen kann. Auf diese Weise erkannte ich viele neue Potenziale und konnte mich auch der Digitalisierung widmen. Mit einer neuen Webseite mit guter Suchmaschinenoptimierung und einem Google-Business-Eintrag. Heute haben wir neben einem digitalen Kassensystem auch eine Mitarbeiter-Zeiterfassung und es ist möglich, per QR-Code auf dem Tisch direkt etwas zu ordern. Die Kunden kommen so noch schneller zu ihrem Kaffee und mein Personal wird auch bei vollem Haus entlastet. Trotz allem bin ich nach wie vor auch mit an der Front, denn Wasser predigen und Wein trinken geht nicht. Dann wird man als Unternehmer nicht mehr ernst genommen.

Dann kam plötzlich die Covid-19-Pandemie. Viele mussten pausieren oder sogar aufgeben. Es wird gemutmaßt, dass die Gastronomie am Ende der Pandemie um etwa ein Viertel geschrumpft sein wird. Wie haben Sie diese Krise erlebt?

Natürlich hat die Coronakrise auch uns erwischt. Aber die Hilfen von Bund und Land haben das Schlimmste aufgefangen. Bitter war es natürlich für das Personal, denn es gab zwar Kurzarbeitergeld, aber die Trinkgelder blieben ja komplett aus. Ich habe mich damals entschieden, meinen Mitarbeitern nicht zu kündigen. Habe in Einzelfällen privat ausgeholfen, wo es notwendig war. Das war für mich selbstverständlich. Gott sei Dank ist bisher alles gut gegangen. Viele klagen derzeit über fehlendes Personal, ich konnte nach den Lockdowns wieder direkt durchstarten. Und renovieren konnten wir währenddessen auch.

Welche Schlüsse haben Sie aus dieser Zeit gezogen?

Gerade wegen unvorhergesehener Ereignisse wie der Pandemie bleibt es wichtig, sich immer wieder anzupassen. Obwohl ich auch Grenzen ziehe und manches nicht umsetzen werde. Zum Beispiel ein Frühstücksangebot, das passt einfach nicht in unser Konzept. Und man soll sich nicht verbiegen. Meine vielfältige Speisekarte und unser Ambiente sind der Schlüssel, damit sich alle willkommen fühlen. Durch unsere Teilnahme an der Initiative „RECUP" – einem Mehrwegsystem für Getränke und Gerichte – können wir jetzt auch einen nachhaltigen Take-away-Service anbieten. All dies zusammen sorgt manchmal für die Kritik, dass bei uns kein Tisch mehr frei sei. Das verstehen wir als größtes Kompliment für unser Restaurant!

Was sind die schönsten (Service-)Erlebnisse, auf die Sie zurückblicken?

Am Ende sind es die Menschen, die einen Job – und von Zeit zu Zeit auch ein Re-Invent – erfolgreich machen. Ich habe heute einen großen Schatz mit sehr vielen schönen Erinnerungen an Momente und liebe Kunden. Wir haben sogar Gäste, die uns jeden, wirklich jeden Tag besuchen – gleiche Uhrzeit, gleicher Tisch. Von einigen gibt es sogar Weihnachtspräsente. Das rührt uns und darauf sind wir stolz. Mein schönstes Erlebnis als Gast hatte ich übrigens in einem Restaurant mit spärlicher Beleuchtung. Mein Mann hatte seine Lesebrille vergessen. Als der Kellner das bemerkte, kam er unaufgefordert mit einer Box voller gut sortierter Lesebrillen zu uns und sagte nur: „Alles desinfiziert." Unerwartet, und doch so einfach! Dieses Erlebnis ist jetzt schon vier Jahre her, aber ich erzähle es immer noch! Das alles zeigt: Ein Re-Invent muss keine Raketenwissenschaft sein. Eine gute, verlässliche Organisation gepaart mit Empathie und vor allem mit dem Blick auf die Kunden – dann ist viel gewonnen.

CATALINA KREMERS-DA PALMA

Seit 20 Jahren ist das „Tante Maja" für sie wie ein zweites Zuhause. Schon als Servicemitarbeiterin konnte Catalina Kremers-Da Palma beobachten, wie gut unterschiedliche Konzepte in dem traditionsreichen Restaurant funktionieren. 2007 nutzte die gebürtige Rumänin die Chance und ergriff als Betreiberin selbst das Ruder. Die nächsten Jahre widmete sie fast ihre gesamte Zeit dem „Tante Maja". Bei der Geschäftsentwicklung setzte sie im Marketing, beim Kassensystem und selbst im Service konsequent auf Digitalisierung, damit sie und ihre Mitarbeiter sich auf das Wesentliche konzentrieren können – die Kunden. Catalina Kremers-Da Palma ist verheiratet und hat einen Sohn.

„Unsere Organisation ist heute wesentlich resilienter"

Weniger geplatzte Termine und Kundenbeschwerden, mehr Qualifikationen und Freiheiten für die Mitarbeitenden – wie er den Außendienst der Telekom auf Vordermann gebracht hat, erklärt Arne Freund, Geschäftsführer operatives Geschäft, im Interview. Dabei spielt auch die engere Zusammenarbeit mit externen Partnern und Wettbewerbern eine wichtige Rolle. In Zukunft will sich sein Team noch stärker in Wachstumsfelder wie Glasfaserausbau und E-Mobilität einbringen. Hier sieht Freund noch viel Potenzial.

ARNE FREUND

Arne Freund ist in Hamburg geboren. Er hat Wirtschaftsingenieurwesen in der Fachrichtung Nachrichtentechnik und Mikroelektronik an der Technischen Universität Berlin studiert. Seit 26 Jahren ist er bei der Telekom, zuletzt als Geschäftsführer Finanzen für den Service. Seit April 2018 ist er Geschäftsführer für das operative Geschäft der Deutsche Telekom Außendienst GmbH. Zu seinen Hobbys gehören Reisen, die Digitalisierung und der HSV. Erstklassiger Service bedeutet für ihn, die Sorgen und Wünsche des Kunden proaktiv zu erkennen und ihn mit der besten Lösung positiv zu überraschen.

Arne, du leitest den Außendienst der Telekom. Was sind die Aufgaben deines Teams?

Unser Team besteht aus rund 7.500 eigenen Mitarbeitern und 2.000 Servicepartnern, also eine richtig große Mannschaft. Auch die Bandbreite unserer Leistungen ist groß: Wir fahren zu unseren Privatkunden und stellen für sie neue Festnetz- und Internetanschlüsse bereit, optimieren ihr Heimnetzwerk und beheben Störungen. Für unsere Geschäftskunden, speziell für den Mittelstand, bauen wir Telekommunikationsanlagen auf und integrieren IT-Security- oder Microsoft-Lösungen. Unsere größten Kunden sind aber die übrigen Netzbetreiber: Vodafone, Telefónica und 1&1 stellen wir nicht nur unsere Leitungen bereit, wir bieten auch optionale Serviceleistungen für deren Endkunden an. Eigentlich hört unsere Bereitstellung an deren Telefondose auf. Wenn jedoch ein Vodafone-Kunde das möchte, richten wir ihm auch den Router ein und schließen sein Telefon, Tablet oder PC an. So kommen wir täglich auf 30.000 Aufträge. Und 30 bis 40 Prozent dieser Einsätze erledigen wir im Auftrag der Carrier.

Ihr habt euch in den vergangenen Jahren an vielen Stellen neu erfunden. Warum war das nötig?

Die Ausgangslage war sehr herausfordernd, als ich 2018 den Außendienst übernommen habe. Wir steckten mitten in der IP-Migration, haben unsere Netze technologisch umgestellt – auf Vectoring und Supervectoring. Wir hatten jede Menge Arbeit, aber nicht immer die technischen Qualifikationen und passende Arbeitsorganisation oder Arbeitsmittel für die neuen Aufgaben. Das hat dazu geführt, dass wir keine gute Qualität abgeliefert haben. Viele Kundentermine konnten nicht eingehalten werden, weil wir nicht immer die passenden Techniker zur Stelle hatten. Die Lösungsquoten waren niedrig, Mehrfachanfahrten an der Tagesordnung. Die Beschwerden häuften sich. Unsere Kunden waren zurecht unzufrieden.

Du sprichst die Technikertermine an. Wie sieht es hier heute aus?

Wir sind mittlerweile in ganz anderen Dimensionen unterwegs: Für die Bereitstellung eines neuen Anschlusses brauchen wir in der Regel nur noch halb so lang wie damals. In der Problembehebung sind wir ebenfalls viel schneller geworden: Heute lösen wir Störungen in einem Drittel der Zeit, 15 Prozent sogar taggleich. Und auch die Termintreue haben wir spürbar verbessert: Als ich anfing, waren wir bei 92 Prozent. Heute sind wir in 96,5 Prozent der Fälle pünktlich. Unser Ziel sind 98 Prozent. Denn natürlich kann es immer passieren, dass es an der einen oder anderen Stelle etwas länger dauert als geplant oder ein Techniker ausfällt. Dann muss ich den Kunden aber proaktiv darüber informieren. Und das tun wir heute.

Ihr habt das also gut in den Griff bekommen. Wo habt ihr konkret angesetzt?

Da gab es zwei große Hebel: Zum einen haben wir eine andere Produktionssteuerung etabliert, zum anderen unseren Technikern mehr Freiheitsgrade eingeräumt. Ein Problem unserer mangelnden Termintreue war, dass das Terminangebot und die Kapazitätssteuerung entkoppelt waren. Und wenn du dann versuchst, das erst am Tag der Leistungserbringung auszugleichen, überfordert das Disponenten und Mitarbeiter gleichermaßen. Das heißt, wir hatten ein ungeeignetes Produktionsmodell, mit einer an den falschen Kennzahlen ausgerichteten Steuerung, die eigentlich in die Vergangenheit und nicht in die Zukunft geblickt hat.

Dazu kam, dass wir unsere Mitarbeiter entmündigt haben, nicht mit ausreichenden Informationen, Material und Handwerkszeug versorgt haben, versucht haben sie in unpassende Arbeitsprozesse zu pressen und so nicht die Freiheitsgrade ermöglicht haben, die sie für eine gute Lösung ihrer Aufträge brauchen. Heute steuern wir unsere täglich benötigten Personalkapazitäten viel vorausschauender und berücksichtigen dabei, dass die Dinge auch mal kürzer oder länger dauern – und dass die Problemlösung nicht immer so trivial ist, wie sie auf den ersten Blick erscheint.

Es lag also nicht am fehlenden Engagement eurer Mitarbeiter, sondern an den Rahmenbedingungen im Arbeitsalltag?

Als ich angetreten bin, habe ich kaum Mitarbeiter getroffen, die nicht wollten. Es ging vielmehr darum, die richtigen Rahmenbedingungen zu schaffen und die Kollegen in die Lage zu versetzen, beim ersten Besuch das Anliegen des Kunden verlässlich zu lösen. Nur so machen wir unsere Kunden zu Fans. Die daraus resultierenden Erfolge und positiven Kundenfeedbacks führten automatisch zu einer deutlichen Steigerung des Engagements. Insofern lagen die wesentlichen Hebel in einer besseren Strukturierung der Arbeitsverteilung und der Skill-Verteilung auf der Fläche, einer optimierten IT- und Messmittelunterstützung der Arbeitsverläufe sowie der Schaffung von Freiheitsgraden für unsere Kollegen.
Früher haben wir unseren Außendienst über eine IT-Struktur gegängelt, indem wir den nächsten Arbeitsschritt genau vorgeschrieben haben. Jetzt versuchen wir gezielt, die Eigenverantwortung unserer Mitarbeiter zu stärken. Das ist ein Philosophiewandel! Der zweite Philosophiewandel war, den Kunden in den Fokus zu stellen, nicht den Arbeitsablauf. Also Erstlösung vor technischem Ticketabschluss. Zu sagen, wir gehen erst, wenn das Kundenanliegen gelöst ist – egal ob die veranschlagte Zeit um ist oder nicht. Das war eine große Umstellung und Herausforderung! Denn wir müssen dann versuchen, die Zeit an anderer Stelle wieder reinzuholen bzw. übergreifend auszugleichen. Das geht nur mit dem richtigen Mindset und einer flexiblen Disposition, die auch zeitunkritische Aufträge wie etwa Wartungsarbeiten am Netz, ohne Kundenkontakt, in eine Tour einplant.

Mit größeren Freiheiten und mehr Eigenverantwortung muss das Team aber auch umgehen können.

Das stimmt. Deshalb haben wir auch ein Transformationsprogramm zur Unterstützung des Wandels aufgesetzt und über regelmäßige Team Meetings den Austausch im Team gefördert. Die entscheidende Grundlage ist aber eine entsprechende fachliche Exzellenz. Dazu haben wir massiv in Qualifikation investiert und die Schulungstage von 4 auf 8 verdoppelt. Außerdem haben wir neue, praxisnahe Qualifikationsmöglichkeiten eingeführt, wie unsere Magenta Garagen. Hier haben wir unser Netz an verschiedenen Standorten nachgebaut, damit unsere Mitarbeiter ihre Aufgaben in einer Netzumgebung live üben und technische Probleme schnell identifizieren und lösen können. Das können theoretische Seminare nicht leisten.

Stichwort „Qualifikation". Ihr habt auch einen Techniker-Führerschein eingeführt. Was muss man dafür können?

Den Techniker-Führerschein haben wir eingeführt, um unsere externen Servicepartner auf dasselbe Qualitätsniveau zu bringen wie unsere eigenen Mitarbeiter. Da gab es in der Vergangenheit einen deutlichen Unterschied. Warum? Weil wir unsere Partner nicht ausreichend befähigt haben, ihnen nicht die nötigen Informationen und Zugang zu den erforderlichen Tools gegeben haben, sie schlecht gesteuert haben. Mit dem Führerschein stellen wir heute eine Mindestqualifikation der Techniker sicher. Er besteht aus zwei Teilen, einem theoretischen und einem praktischen. Typische Fragen in der Theorie sind: Welche Widerstände muss eine Leitung haben? Welche Leitungslänge ist zulässig? Welche Elemente gibt es im Heimnetz? In der Praxisphase schauen wir uns im Sinne eines Qualitätsmanagements die Lösungsquote des Mitarbeiters, seine Teilerledigungsquote und sein Kundenfeedback über 14 Tage genau an. Mittlerweile sind wir fast auf Augenhöhe, was das Qualitätsniveau interner und externer Kräfte betrifft.

Den Führerschein gibt es aber nur für externe Partner. Was ist mit den eigenen Mitarbeitern?

Für unsere eigenen Kollegen haben wir einen Kompetenz-Guide eingeführt. Damit kann jeder Mitarbeiter selbst überprüfen, wie es um seine Fachlichkeit bestellt ist – die Inhalte sind vergleichbar mit dem Führerschein. Der Unterschied ist, dass der Kollege danach ein Entwicklungsgespräch mit seiner Führungskraft hat: Welche Unterstützung ist sinnvoll, damit er seine Kompetenz ausbauen kann? Sind theoretische Qualifikationen geeignet, eine fachliche Begleitung oder ist es eher ein Workshop in der Magenta Garage? Die geeigneten Maßnahmen werden in diesem Gespräch gemeinsam besprochen.

Die richtigen Prozesse und Qualifikationen sind das eine. Bei eurem Re-Invent hat aber auch die IT-Ausstattung eine wichtige Rolle gespielt. Welche Tools habt ihr eingeführt, um euren Servicetechnikern die Arbeit zu erleichtern?

Die Digitalisierung befähigt unsere Techniker, ihren Job viel autonomer auszugestalten, als das in der Vergangenheit der Fall war. Viele Prozessabläufe wurden deutlich vereinfacht und können von unseren Technikern heute per App gesteuert werden. Zudem können sie sich mithilfe der Tools bestmöglich auf ihre Einsätze vorbereiten. Die Auftrags-App etwa bündelt alle Infos zu einem Kundenauf-

„Früher haben wir unseren Außendienst über eine IT-Struktur gegängelt, indem wir den nächsten Arbeitsschritt genau vorgeschrieben haben. Jetzt versuchen wir gezielt, die Eigenverantwortung unserer Mitarbeiter zu stärken. Das ist ein Philosophiewandel!"

trag an einer Stelle. Früher kannte der Techniker nur seine konkreten Aufgaben, wusste aber nicht, welche Produkte und Geräte der Kunde hat. Mit der Auftrags-App bieten wir ihm jetzt einen ganzheitlichen Blick auf den Kunden. So gelingt nicht nur die technische Bereitstellung reibungsloser, wir können die Kunden auch besser beraten. Etwa indem wir bei einem Produktwechsel darauf achten, dass der vorhandene Router zum neuen Produkt passt. Ein zweites wichtiges Tool ist unsere Mess-App: Sie bietet unseren Technikern rund 70 Möglichkeiten, die Leitungen und Anschlüsse der Kunden von jedem Ort Deutschlands durchzumessen und zu prüfen. Sie können damit zum Beispiel die DSL-Parameter, IP-Adressen und Anrufweiterschaltungen prüfen sowie eine galvanische Leitungsmessung durchführen – sprich, die Leitungsdämpfung, den Signalrauschabstand und die Bandbreite checken. Früher hätten unsere Kollegen dafür mit ihrem Equipment an verschiedene Orte fahren oder die Kolleginnen und Kollegen im Innendienst kontaktieren müssen. Heute können sie das ganz einfach per Knopfdruck. Und natürlich haben die Kollegen auch weiter ihre mobilen Messgeräte, um Teilabschnitte oder Spezialmessungen zur genauen Eingrenzung durchführen zu können.

Auch für eure Kunden habt ihr digitale Lösungen wie die Web-Applikation „Mein Telekomtechniker" eingeführt. Was leistet sie?

Der Kunde sieht damit, welche Arbeitsschritte bereits erledigt sind und wann unser Techniker bei ihm zu Hause eintrifft. Gleichzeitig bieten wir ihm die Möglichkeit, seinen Termin zu verschieben oder ganz abzusagen, falls ihm was dazwischenkommt oder das Problem sich zwischenzeitlich erledigt hat. Es geht aber auch darum, den Kunden bestmöglich auf den Termin vorzubereiten. Wir möchten sicherstellen, dass er tatsächlich zu Hause ist. Denn knapp fünf Prozent unserer Kunden sind leider gar nicht daheim, obwohl wir einen Termin vereinbart haben. Zudem ist es manchmal nötig, dass der Kunde gewisse Vorbereitungen trifft, damit wir unseren Job erledigen können: Ist der Zugang zum Hausverteiler und zur Anschlussdose gegeben? Sind die benötigten Geräte wie Router oder Receiver vorhanden? Mit diesem Angebot schaffen wir Vertrauen, stellen unsere Auftragsqualität sicher und entlasten auch noch unsere Hotline.

Was habt ihr hier noch geplant?

In der nächsten Ausbaustufe möchten wir eine direkte Kommunikation zwischen Kunde und Techniker ermöglichen. Dann kann der Kunde, der umgezogen ist, unserem Servicetechniker schreiben: „Hinweis, unser Haus liegt in der zweiten Reihe." Solche Infos sind oft hilfreich. Das kennt jeder, der vom Lieferservice schon einmal nicht gefunden wurde. Außerdem soll der Kunde unseren Techniker über das Tool zurückrufen können, wenn er dessen Anruf verpasst hat. Und wir wollen die Web-Applikation in unsere OneApp integrieren, unsere neue, europaweite Kundenservice-App.

Wir haben eingangs darüber gesprochen: Wettbewerber wie Vodafone gehören zu euren größten Kunden. Auch an dieser Stelle habt ihr euch neu aufgestellt …

Ja, am Anfang war da großes Misstrauen: Behandeln die unsere Kunden genauso gut wie ihre eigenen, haben sich die Carrier gefragt. Und die Regulierung war da nicht immer hilfreich. Also haben wir uns gemeinsam hingesetzt und gesagt, wenn Kunden schlecht bedient werden, leidet die gesamte Branche darunter. Egal, wer dafür verantwortlich ist. Und mit Vodafone haben wir noch weitergehende Serviceleistungen vereinbart: Wir kontaktieren deren Kunden mittlerweile vorab und bereiten sie so gut auf den Termin vor, als wären es unsere eigenen Kunden. So haben wir die Anzahl der nicht erfolgreichen Termine bereits um 70 Prozent reduziert. Wir sind also auch hier auf einem ganz anderen Qualitätsniveau. Heute installieren wir für Vodafone sogar Endleitungen, weil das Vertrauen stark gewachsen ist.

Wir haben über die Kooperation mit Partnern und Mitbewerbern gesprochen. Was hat sich bei der internen Zusammenarbeit getan?

Einiges! Nehmen wir nur unsere neuen Regiocenter. Hier können wir uns heute bereichsübergreifend zusammensetzen. Das ist extrem hilfreich! Wenn unsere Techniker jetzt beim Kunden stehen und feststellen, dass der im Vorfeld nicht gut beraten worden ist oder das Produkt nicht wie gedacht funktioniert, hat er jetzt die Möglichkeit, telefonische Soforthilfe aus dem Regiocenter zu bekommen. So kann er dort z. B. Rückfragen zu Endgeräten und Produkten stellen. Früher haben wir das einfach in der Prozesskette an den zuständigen Bereich zurückgegeben. Auch mit unseren Shops pflegen wir einen engeren Austausch. So können wir für unsere Kunden gemeinsam viel mehr bewegen.

Hat euch diese umfassende Neuaufstellung auch geholfen, Krisen wie Corona oder die Flutkatastrophe besser zu managen?

Als die Arbeitslast aufgrund dieser Ereignisse plötzlich rasant anstieg, stellte das unsere Techniker natürlich vor große Herausforderungen. Denn auch in diesen Krisenzeiten mussten sie jederzeit für unsere Kunden da sein. Aber wir haben so viele tolle Menschen , die in solchen Situationen – ohne zu zögern – zur Stelle sind. Wir haben spontan eine riesige Hilfsbereitschaft erlebt. Das war enorm! Allerdings genügt Hilfsbereitschaft allein nicht, du musst sie auch gut organisieren können. Dass uns weder die Flut noch Corona umgeworfen haben, zeigt mir, dass unsere Organisation heute wesentlich resilienter ist als früher. Und dank unserer neuen IT-Strukturen sind wir auch viel leistungsfähiger. Dass wir etwa in den Flutgebieten unsere Kunden straßenzugsweise abarbeiten konnten, inklusive einer Big Data-basierten Nachbarschaftsanalyse, hat uns völlig neue Lösungsmöglichkeiten geboten. Früher hätten wir dafür vermutlich sechs Monate gebraucht, jetzt waren wir damit nach acht Wochen durch.

Wie geht die Reise für den Außendienst weiter?

Das Thema „Heimnetz" wird noch viel wichtiger. Da gibt es immer mehr Dinge, auf die man achten muss. Und hier können wir als Berater des Kunden eine entscheidende Rolle einnehmen. Wir haben das Know-how, sein Heimnetzwerk ganzheitlich zu optimieren – damit die Bandbreite des Anschlusses auch bei ihm auf dem Sofa ankommt. Dasselbe sehen wir im Unternehmensbereich. Dort gibt es immer mehr hybride Konzepte aus Büro und Homeoffice. Auch hier können wir unsere technologische Kompetenz voll ausspielen, denn mit mehreren Hundert zertifizierten Technikern sind wir der ideale Partner für Cisco-, Lancom-, Swyx- oder Unify-Lösungen – auch Microsoft-Integrationen machen wir.

Wir erschließen uns aber auch neue Geschäftsfelder wie FTTH, also Glasfaserleitungen bis ins Haus, und die E-Mobilität. Hier bauen wir Ladesäulen auf und installieren Wallboxen für unsere Kunden. Seit Frühjahr 2021 arbeiten wir unter anderem mit Vattenfall zusammen, um sowohl Elektroautobesitzer als auch Unternehmen anzusprechen, die auf ihren Parkplätzen eine Ladeinfrastruktur für ihre Kunden anbieten wollen. Hier sehen wir noch großes Potenzial für uns als Außendienst.

Die Wieder-geburt von Giganten

MARTIN-DEVID HERRENKNECHT

Tunnelvortriebsmaschinen sind hochwertige mobile Fabriken, die nachhaltige Infrastrukturen wie Metrotunnel oder Wasserversorgungssysteme im Untergrund herstellen. Das Familienunternehmen Herrenknecht im badischen Schwanau ist längst über die Rolle einer führenden Manufaktur der Branche hinausgewachsen. Auch weil es sein Geschäftsmodell buchstäblich komplett auseinandergenommen und neu erfunden hat. Damit die gigantischen, bis zu 400 Meter langen Unikate, mitunter 4.800 Tonnen schwer und 12.000 Kilowatt stark, nach erfolgreichem Einsatz durch innovatives Remanufacturing vollwertig wiederverwendet werden können.

Entscheidender Meilenstein: Hauptdurchschlag in der Weströhre des Gotthard-Basistunnels am 23. März 2011

Es heißt ja: Neue Wege entstehen, wenn man sie geht. Und exakt in diesem Sinne schaffen wir gemeinsam mit unseren Kunden Verbindungen im Untergrund, für transnationale Eisenbahnlinien, Wasserversorgungssysteme und die Energieversorgung. In klassischer Start-up-Manier als „Garagenbetrieb" startete mein Vater in den 70er-Jahren im ganz speziellen Nischengeschäft des Designs und der Herstellung von maschineller Vortriebstechnik. Damit bot er eine Alternative zu konventionellen Vortriebsverfahren mit Baggern, Bohren und Sprengen. Aus der Leidenschaft eines kleinen Teams technikbegeisterter Ingenieure entwickelte sich ein global agierender Konzern. Aus dem Willen nach Fortschritt wurden Meilensteine der Vortriebstechnik. Und aus dem Mut, sich zu beweisen, entstanden Meisterwerke des Tunnelbaus.

Bis heute stoßen wir im wahrsten Sinne des Wortes in immer neue Sphären vor: Am Gotthardmassiv bohrten unsere Maschinen den längsten Eisenbahntunnel der Welt, was jetzt am Brenner-Basistunnel mit dem nächsten Weltrekord-Bauwerk seine Fortsetzung findet. In Salzbergwerken übertragen wir unsere Verfahren auf die Vertikale, sodass Kunden damit im maschinellen Schachtbau Tiefenrekorde brechen. Mit immer neuen Vortriebslösungen für Pumpspeicherkraftwerke, Geothermie und Offshore-Windanlagen wiederum erschließen wir regenerative Energien.

Unterirdische Infrastrukturen haben ein enormes Potenzial für die Mobilität von Menschen und Gütern, für die Versorgung mit Wasser und Energie oder die Wiederaufbereitung von Abwasser. Das hat sich in jedem unserer inzwischen mehr als 5.000 Kundenprojekte weltweit gezeigt. Doch seit seiner Gründerzeit gehen mit der Geschichte unseres Unternehmens auch beispiellose Umbrüche einher. Die Coronapandemie, die die Anpassungsfähigkeit der Gesellschaft sowie ihrer Unternehmen radikal und quasi täglich auf harte Proben stellt, ist das aktuellste Beispiel. Ein kontinuierlich fortschreitendes ist die Digitalisierung mit einem Kulturwandel, dessen Ausmaß wohl am ehesten mit der Industrialisierung zu Beginn des 20. Jahrhunderts zu vergleichen ist. Währenddessen kann niemand von uns mehr leugnen, dass unsere menschliche Zivilisation mit ihrem Wachstumsdrang an natürliche Grenzen stößt. So macht Ressourcenknappheit der Industrie immer mehr zu schaffen. Und mit welcher Geschwindigkeit der Klimawandel unseres Planeten zur wohl größten kollektiven Herausforderung der Geschichte wird, wissen gerade wir, die wir terrestrische Großprojekte für Kunden weltweit umsetzen.

MARTIN-DEVID HERRENKNECHT

Martin-Devid Herrenknecht stieg nach Stationen in anderen Unternehmen 2014 als Projektleiter bei der Herrenknecht AG ein. In der 2015 von seinem Vater gegründeten Familienstiftung hat er die Position des stellvertretenden Stiftungsvorstands inne. Im Herrenknecht Konzern ist er derzeit als General Manager für die Business Area Mining zuständig. Spezialisierte Unternehmen aus dem Mining greifen auf Herrenknechts Lösungskompetenz zurück, um Schächte in möglichst kurzer Zeit bei maximal hohen Health & Safety-Standards zu erstellen. Das Familienunternehmen Herrenknecht gehört mit rund 5.000 Mitarbeitern zu den weltweit führenden Anbietern von Lösungen beim maschinellen Vortrieb von Tunnelinfrastrukturen.

Als familiengeführtes Unternehmen mit einer großen Verantwortung für unsere nachfolgenden Generationen hat nachhaltiges Wirtschaften einen hohen Stellenwert für uns. Deshalb haben wir uns bei Herrenknecht schon vor zehn Jahren die Frage gestellt, wie wir unseren Teil zu einer ökologischen Wende beitragen können. Business-as-usual hatte aus unserer Sicht schon damals keine Zukunft mehr. Es galt, alte Grundsätze zu hinterfragen und neu zu denken. Seinerzeit machten wir es uns zum erklärten Ziel, die Ersten am Markt zu sein, die Kunden von zirkularer Nachhaltigkeit und Leistung überzeugen – und zwar nicht nur mit großen, abstrakten Worten, sondern mit konkreten Lösungsvorschlägen und einem handfesten Offering. Denn auf den Tunnelbaustellen dieser Welt zählen die Hard Facts.

Ich selbst war damals noch gar nicht im väterlichen Unternehmen. Aber ich weiß heute, welche Fragen schon immer bei Herrenknecht diskutiert wurden: Wie viele Meter Vortrieb hat das Team in der Stunde geschafft, wie viele am Tag und im Monat? Wie reibungslos lief die Maschine? Stillstand kostet in der Branche ein Vermögen, mit zuverlässiger Technologie können die Kunden ihre Versprechen gegenüber dem Bauherren einhalten. Auch im Zeichen der Nachhaltigkeit sollten die Ziele konsequenterweise klar definiert und Ergebnisse messbar sein: Wie sorgsam sind wir mit den Rohstoffen der Erde umgegangen? Wie viel Kohlendioxid konnten wir in der Produktion einsparen? Was wir tun, wirkt sich auf unseren Planeten aus – und auf die Ökobilanz unserer Kunden.

Konkret diese Fragen sind es, die bereits vor zehn Jahren einen ersten Anstoß zu einem umfassenden Re-Invent gegeben haben, den wir seither im Grunde an jeder unserer Baustellen Tag für Tag fortführen. Denn mit der sukzessiven Erweiterung unserer bis dato klassischen Hersteller-Rolle um den Eintritt in eine neue Welt – die der Wiederaufbereitung – haben wir eine Herausforderung angenommen, die weder der Markt noch die Gesellschaft, weder die Auftraggeber unserer Projekte noch deren Kritiker oder Profiteure damals schon gestellt hätten: Was geschieht eigentlich mit den Bohrmaschinen und -anlagen, nachdem sie auf den Baustellen ihren Dienst getan haben? Dass dieser Prozess, vom ersten Gedanken, ersten Proof of Concept, ersten Use Case in unserer Branche quasi „undercover" ablaufen konnte, hat in einer weltweiten Wettbewerbslandschaft, der wir uns in unserer Branche täglich stellen, nicht unerhebliche Bedeutung. Denn unsere Antwort lautet: Wir machen neue Bohrmaschinen und -anlagen daraus. Durch das sogenannte Remanufacturing setzt unsere Vortriebstechnik Maßstäbe in puncto Wirtschaftlichkeit, Sicherheit und Umweltschutz.

Wie wir uns einst als Manufaktur für projektspezifische Tunnelbohrer erfanden, erweitern wir heute unser Territorium und erfinden uns als Remanufaktur ein Stück weit neu. Dazu bieten wir den Kunden an, die Bohrgiganten nach dem Einsatz zurückzukaufen. Dann bereiten wir deren Komponenten bei uns am Kehler Rheinhafen auf und versetzen sie in einen neuwertigen Zustand. Ohne Einbußen an Qualität, denn die Teile haben sich ja bereits im Einsatz bewährt. Deshalb gibt Herrenknecht heute auch auf jedes Remanufaktur-Produkt eine Garantie über 10.000 Stunden Betrieb – sei es in Lehmboden, Sandgestein oder massivem Fels. 10.000 Betriebsstunden entsprechen selbst im Dreischichtbetrieb einer Projektbauzeit von ununter-

Rechts: Durch den vollumfänglichen Kontrollprozess erfüllen alle professionell aufbereiteten Teile mindestens den Herrenknecht-Qualitätsstandard „wie neu".

Unten: Herrenknechts Schatzkammer liegt im Kehler Hafen – in Reichweite zum Stammwerk in Schwanau – und erstreckt sich über 100.000 Quadratmeter.

Oben: Der Remanufacturing-Prozess ist in sechs fest definierte Phasen aufgeteilt – von der rückstandfreien Säuberung bis zum Wiedereinsatz.

Rechts und ganz rechts: Im Remanufacturing-Prozess bei Herrenknecht bauen Fachkräfte jede einzelne Komponente bis zur kleinsten Einheit auseinander, um sie zu prüfen und im Bedarfsfall verschlissene Teile zu ersetzen.

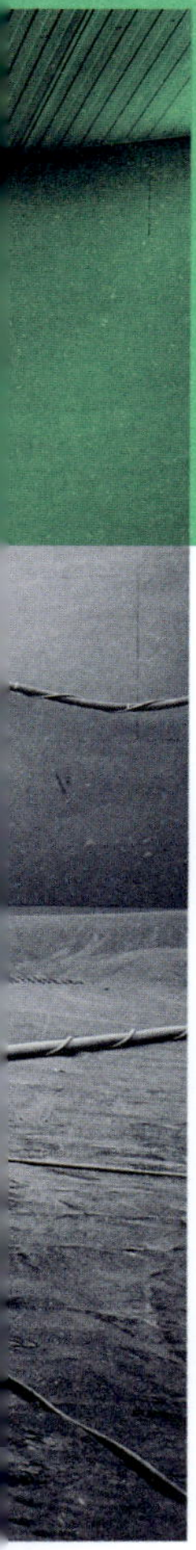

brochen fast anderthalb Jahren. Das aber bedeutet vielerorts in der Praxis, dass eine Tunnelbohrmaschine nach ihrem Durchbruch noch lange nicht am Ende ist. Weil aber vor allem die größeren Exemplare spezifisch auf den jeweiligen Auftrag und komplexe geologische Gegebenheiten vor Ort zugeschnitten sind, können sie nicht einfach ein zweites Mal benutzt werden. Im Zuge des Kohle- und Atomkraftausstiegs eine Höchstspannungsleitung für regenerative Energien erdverkabelt durch den Teutoburger Wald zu verlegen, stellt andere Ansprüche als ein Straßentunnel in Hongkong. Die teure Entsorgung nach dem Projekteinsatz kann Herrenknecht den Kunden heute durch das Angebot eines Rückkaufs ersparen.

Für den nächsten Kunden können wir dann, wenn er das wünscht, beim Bau seiner projektspezifisch angefertigten Maschine auf diese Komponenten zurückgreifen. Weil die Aufbereitung zudem kostengünstiger ist als die Produktion, entsteht ein Preisvorteil und die Komponenten sind schneller verfügbar. Dieses Angebot bewahrt wertvolle Rohstoffe, weil sich die Lebensdauer der Teile und Komponenten nicht nur verlängert, sondern sie einem zweiten, dritten oder sogar vierten Lebenszyklus zugeführt werden. Das erspart der Erdatmosphäre jede Menge CO_2. Die energetischen Einsparungen bei einer komplett aufgearbeiteten Tunnelbohrmaschine liegen bei etwa 80 Prozent. Und gegenüber einer neuen Maschine müssen rund 99 Prozent weniger Materialien verwendet werden. Der neue Lebenszyklus bewährter Komponenten ist ein Gewinn auf vielen Ebenen – und trägt wesentlich zur positiven Umweltbilanz des Bauvorhabens bei.

Das Verfahren selbst ist allerdings hochkomplex, erfordert für viele Komponenten und Funktionsbereiche ganz neue Expertisen und Investitionen. In dieser Hinsicht sind wir in unserer Branche einzigartig. Alle Komponenten, vom Hauptlager bis zur Hydraulikpumpe, werden nach dem Einsatz bis zur kleinsten Einheit auseinandergebaut und individuell gereinigt. Anschließend überprüfen Experten die Teile mit Spezialequipment wie Endoskopen und Lasermessgeräten auf Abweichungen vom Originalzustand. Sie checken jede Dichtung, Schweißnähte untersuchen sie per Ultraschall und Eindringprüfung. Selbst feinste Risse lassen sich so identifizieren. Schließlich werden die Einzelteile wieder zu Komponenten zusammengesetzt und erneut vollumfänglich getestet. Und dennoch müssen wir an einer dezidierten Baustelle auch heute noch mitunter massiv arbeiten – dem Dünkel von „Second Hand“, auf das unser Konzept von Remanufacturing in der

Baubranche bisweilen noch trifft. So mancher denkt selbst bei der oben beschriebenen höchsten Kunst der Aufbereitung noch an einen Gebrauchtwarenladen und Produkte zweiter Klasse. Um an der Stelle immer weiter Aufklärungsarbeit zu leisten und unser Qualitätsversprechen wissenschaftlich zu verankern, sind wir im Austausch mit internationalen Expertinnen und Experten, die wir regelmäßig bitten, von neutraler Warte das „Remanufacturing by Herrenknecht“ konzeptionell, inhaltlich und im Praxiseinsatz vor Ort aufs Härteste zu prüfen. Nicht zuletzt deshalb sehen wir aber auch hier ein Licht am Ende des Tunnels. Jüngstes Beispiel: Dr. Winifred Ijomah von der schottischen Universität Strathclyde. Wenn sie als Professorin und Technische Direktorin am Scottish Institute for Remanufacturing (SIR) nach ihrem Besuch bestätigt sieht: „Remanufacturing bedeutet per Definition Premiumqualität“, ist dieses wissenschaftlich nüchterne Ergebnis für unsere Aufklärungsarbeit beim Kunden ein echter „Nugget“.

Wahre Schätze sind es auch, die wir von gebrauchten Zylindern über Förderschnecken und Pumpen bis zu Bauteilen riesiger Hauptantriebe auf 100.000 Quadratmetern in unserem Werk lagern. Jedes Stück ist in einer Datenbank erfasst, samt seiner gesamten Leistungshistorie. Es wird genau dokumentiert, durch wie viele Kilometer welchen Gesteins sich etwa ein bestimmtes Hauptlager gearbeitet hat. Wenn ein solches Teil überhaupt mal kaputtgeht, dann auf den ersten Metern eines Vortriebs. Der Grund dafür wären Produktionsfehler, die sich gerade bei Maßanfertigungen nie zu 100 Prozent ausschließen lassen. Wenn aber zum Beispiel ein Zylinder schon Hunderte Meter Strecke gemacht hat, kann man sich nach dem Remanufacturing erst recht sicher sein, dass er auch beim kommenden Einsatz die volle Leistung bringt. Zuletzt konnte am italienischen Valico-Tunnel ein Durchbruch im doppelten Sinne erzielt werden: Zum einen hatte die Maschine aus dem Remanufacturing-Werk mit 9,7 Metern Durchmesser ihren Teil der sechs Kilometer langen Tunnelstrecke pünktlich bewältigt und damit ein Herzstück der neuen Hochgeschwindigkeits-Zugstrecke zwischen Tortona und Genua geschaffen. Zum anderen setzte der Kunde parallel eine komplett neue Maschine in vergleichbarem Untergrund ein. So zeigten die Baustellenteams unter beinahe optimalen Versuchsbedingungen, dass beide Produkte ziemlich genau gleich zuverlässig und leistungsstark waren.

Messbar nachhaltige Innovationen können gerade in der Bauindustrie eine große Strahlkraft entfalten. Denn, ob Hochbau oder Tiefbau, Neubau, Ausbau, Umbau – im wirtschaftlichen Transformationsprozess kommt unserer Branche eine besondere Verantwortung zu. Rohstoffe wie Sand und Kies werden immer rarer. Die Produktion von Stahl, Beton und Zement ist enorm energieintensiv. Viele Bestandsbauten haben zudem eine schlechte Energiebilanz, und geheizt wird oft noch mit Öl, Gas oder Kohle. Schon heute macht der Bau- und Gebäudesektor 38 Prozent der globalen CO_2-Emissionen aus, Tendenz steigend. Aber genau hier „kann Bau“ wirklich was bewegen, und immer öfter müssen wir das sogar: Denn Umwelt- und Klimaauflagen spielen bei der Ausschreibung von Bauprojekten international eine immer größere Rolle. Die skandinavischen Länder sowie Australien und Singapur sind Vorreiter dieser neuen Normalität. Mit der Veröffentlichung ihrer Entwürfe für eine neue verbindliche Nachhaltigkeitsberichterstattung hat die Europäische Union jetzt auch bei uns die Tür zu diesem New Normal weit aufgestoßen und ein kontinuierliches Re-Invent buchstäblich zum Bleiben eingeladen. Mit der Corporate Sustainability Reporting Directive (CSRD) sollen Unter-

„Sind Unternehmen heute noch mehr oder weniger intrinsisch motiviert, Verantwortung für ihren ökologischen Fußabdruck zu übernehmen, werden sie genau dazu in Zukunft per Gesetz verpflichtet. Und dieser Pflicht dann nachkommen zu können, entwickelt sich fortan zur Grundbedingung für unternehmerischen Erfolg.“

nehmen künftig belegen, inwieweit das Geschäftsmodell mit dem Übergang zu einer nachhaltigeren Wirtschaft vereinbar ist. Zugleich werden Strategien und Pläne künftig auch daran gemessen, ob sie im Einklang mit dem Paris-Abkommen stehen und ihren Teil dazu beitragen, dass sich der Planet bis zum Ende des Jahrhunderts um nicht mehr als 1,5 Grad erwärmt. Und Nägel mit Köpfen werden daraus, wenn die Richtlinien gegebenenfalls schon bis Ende 2022 in nationales Recht übertragen werden. Das aber bedeutet: Sind Unternehmen heute noch mehr oder weniger intrinsisch motiviert, Verantwortung für ihren ökologischen Fußabdruck zu übernehmen, werden sie genau dazu in Zukunft per Gesetz verpflichtet. Und dieser Pflicht dann nachkommen zu können, entwickelt sich fortan zur Grundbedingung für unternehmerischen Erfolg.

Längst haben viele unserer Partner erkannt, welchen Vorteil diese konsequente Weiterentwicklung unseres Geschäftsmodells ihren Unternehmen verschafft. In der Folge kann das Herrenknecht-Team heute bereits Hunderttausende Einzelteile und mehr als 10.000 Komponenten pro Jahr wiederaufbereiten und in einen neuwertigen Zustand versetzen. Insoweit bin ich zuversichtlich, dass erste Unternehmen schon bald damit beginnen, ihre „Entscheidung pro Herrenknecht“ als tiefgründiges Aushängeschild ihres ressourcenschonenden Angangs nicht nur werblich zu nutzen. Sondern auch die Chance erkennen, ihren zumeist fundamentalen – und den gesellschaftlichen Diskurs selten geräuschlos durchlaufenden – Großprojekten zu mehr und schnellerer Akzeptanz zu verhelfen. So weit wird es spätestens sein, wenn Bauherren und Investoren von Infrastrukturen klimaschützende oder -neutrale Beiträge positiv beziehungsweise vorteilhaft bewerten. Hier stehen alle vor einer Zeitenwende und der großen zivilisatorischen Aufgabe, vom linearen Denken und Handeln in zirkulare, werthaltige Kreisläufe des Wirtschaftens zu kommen. Es lohnt sich, diesen Weg zu beschreiten, bestehende Prozesse zu überdenken und nachhaltig zu optimieren. In diesem Sinne freue ich mich darauf, mit unserer gesamten Belegschaft auch weiterhin neue Wege für uns, unsere Kunden und die gesamte Branche zu schaffen. Die ersten großen Schritte dazu sind wir bereits gegangen.

Agil, nachhaltig, digital – die Banken der Zukunft

Ökobanken und FinTechs setzen die traditionellen Kreditinstitute unter Druck: Sie müssen sich verändern und in Kundenbetreuung, Analyse und Management neu denken. Ausgerechnet die als eher konservativ geltenden Volks- und Raiffeisenbanken genießen in diesem Transformationsprozess Vorteile.

Die Welt wird zunehmend kompliziert; alles scheint sich immer schneller zu ändern. Auch die Bedürfnisse der Konsumenten wandeln sich oft rasch und unerwartet. Um ihren Kunden in Zukunft mit bestmöglichen Produkten und Services dienen zu können, müssen die Unternehmen erheblich schneller und flexibler werden. Doch gerade Banken stehen nicht im Ruf, besonders agil und wendig zu sein. Wie lassen sich die Kolosse auf Trab bringen?

Die ING Deutschland hat es mit einer Reformation an Haupt und Gliedern versucht. Konsequent wie kaum ein Konkurrent führte die Frankfurter Direktbank von 2018 an eine agile Arbeitsweise ein. Damit verfolgt das Institut vier grundlegende Ziele. Das erste besteht darin, den Nutzen für die Kundinnen und Kunden zu verbessern, deren Bedürfnisse bei der Online-Bank stets im Mittelpunkt stehen sollen. Das zweite Ziel lautet „Time to Market“: Neue Produkte müssen möglichst rasch auf den Markt kommen. Ferner möchte die ING die Autonomie und damit auch die Zufriedenheit der Mitarbeiter fördern. „Wir wollten unseren Mitarbeitenden mehr Verantwortung übertragen und so die Entscheidungen beschleunigen“, sagt Meike Keber, die für die radikale Re-Organisation von ING Deutschland mitverantwortlich war. Viertens schließlich will die Bank ihre hohe Effizienz bewahren: Die Tochtergesellschaft des niederländischen ING-Konzerns hat eine erheblich bessere Kosten-Ertrags-Relation als die meisten anderen deutschen Banken.

Agilität ist ein Buzzword, mit dem Manager und Consultants heute gerne um sich werfen. Nicht immer wird klar, was damit gemeint sein soll. „Wir verstehen darunter den Dreiklang von Methode, Struktur und Mindset“, erläutert Keber. Ein Beispiel für agile Arbeitsmethoden ist Scrum, eine Form von Projektmanagement, die in den vergangenen Jahrzehnten in Japan und den USA entwickelt wurde. Die Grundidee besteht darin, dass die Entwicklung eines Projekts sich in der Regel nicht exakt vorhersehen lässt. Angesichts der raschen, oft turbulenten Entwicklungen im Umfeld eines Unternehmens ergeben sich immer wieder unerwartete Aspekte, die für ein neues Produkt, etwa eine Baufinanzierung, berücksichtigt werden müssen. „Scrum fokussiert darauf, die Fähigkeit des Teams zu maximieren, schnell zu liefern, zu reagieren und sich anzupassen“, erläutert ING-Managerin Keber. Die Geschäftsleitung gibt die strategische Ausrichtung vor; gemeinsam mit den Teams wird dann die Umsetzung besprochen. Diese steuern ihre Arbeit selbst und entscheiden auf Basis der strategischen Ausrichtung, welche Details wann bearbeitet werden. „Wer glaubt, dass Agilität Anarchie bedeutet, irrt jedoch“, sagt Keber. Vielmehr bedeute agile Arbeit konkrete Planung und exakte Kontrolle. Meist wird in einem 14-Tage-Rhythmus gearbeitet; täglich wird überprüft, was am Vortag geleistet wurde, was für den aktuellen Tag geplant ist und ob Unterstützung benötigt wird.

Den Methoden entsprechen die Strukturen. Die klassische Trennung zwischen den verschiedenen Funktionen einer Bank hat die ING aufgehoben. So ist beispielsweise das Team, das die Angebote in der Baufinanzierung erarbeitet und weiterhin betreut, multiprofessionell aus Experten für Baudarlehen, IT und Marketing zusammengesetzt. Damit agile Methoden und Strukturen den gewünschten Erfolg bringen, muss auch das Mindset stimmen, also die grundsätzliche Einstellung aller Beschäftigten zu ihrer

Arbeit. „Agilität ist vor allem ein kultureller Wandel“, erläutert Keber. Attitüden und Gewohnheiten lassen sich nicht so rasch ändern wie Methoden und Strukturen. Letztere sind bei ING Deutschland seit 2019 weitgehend realisiert; beim kulturellen Wandel bleibt hingegen noch manches zu tun.

Der Geschäftsleitung war von vornherein klar: Ein solch ambitioniertes Vorhaben wie die Einführung agiler Methoden ist am ehesten erfolgreich, wenn die Reformen im Management ansetzen und dort vorgelebt werden – schließlich hatte dies den Umbau der kompletten Bank zur Folge. Alles in allem betrachtet die ING-Geschäftsleitung die Einführung agiler Methoden als vollen Erfolg. „Wir sind in der Produktentwicklung erheblich schneller geworden“, bilanziert Keber. Auch die Qualität hat messbar zugenommen. Vor der Re-Organisation bewerten die Kunden die App der ING mit 2,0 Punkten, einem sehr schlechten Wert. Heute bekommt das Produkt den Spitzenwert 4,8. Auch die Beschäftigten sind hochzufrieden mit den neuen Methoden. „Mehr als 90 Prozent der Mitarbeiter und Führungskräfte möchten nicht mehr zur alten Arbeitsweise zurückkehren“, sagt Keber. Einige wenige Angestellte konnten sich mit dem höheren Tempo und der größeren Verantwortung, die eine agile Arbeitsweise mit sich bringt, nicht anfreunden. Sie verließen auf freiwilliger Basis das Haus. Auf der anderen Seite hat die rundum erneuerte Direktbank bei Nachwuchskräften deutlich an Attraktivität gewonnen.

Die ING ist indes nicht die einzige Bank, die daran gegangen ist, sich von Grund auf neu zu erfinden. Auch andere Institute haben erkannt, dass sie sich radikal ändern müssen, wenn sie nicht von den Entwicklungen auf dem Markt überrollt werden wollen. Eine der größten Gefahren sind die FinTechs, also Start-ups wie N26 oder Raisin, die den Banken bei vielen Geschäften bereits ernsthaft Konkurrenz machen, so etwa bei der Anlage von Tagesgeld oder dem Online-Handel mit Wertpapieren. Die Deutsche Kreditbank (DKB) hat beschlossen, den kecken Neulingen die Stirn zu bieten. In einem gewaltigen Kraftakt will sich das Berliner Institut selbst in eine „Techbank“ verwandeln. Mit dem Sprung ins digitale Zeitalter möchte das Institut mehr als drei Millionen neue Kunden gewinnen – zusätzlich zu den über 5 Millionen Kontoinhabern, die die DKB Anfang 2022 betreut. Für das sehr ehrgeizige Programm hat die Muttergesellschaft, die BayernLB, ein Budget von zusätzlichen 400 Millionen Euro bereitgestellt; die Gelder sollen vor allem in die IT und die Infrastruktur investiert werden. Im Gegensatz zur ING setzt Konkurrentin DKB vor allem auf externe Kompetenz. Im Juni 2018 holte die Bank Arnulf Keese, einen Veteranen des E-Commerce in Deutschland, als neuen Chief

„Damit agile Methoden und Strukturen den gewünschten Erfolg bringen, muss auch das Mindset stimmen, also die grundsätzliche Einstellung aller Beschäftigten zu ihrer Arbeit.“

Digital Officer ins Haus. Ihm unterstellt ist unter anderem eine neue Tochtergesellschaft, die Code Factory in Berlin. Sie bildet den Motor für die geplante digitale Transformation. Dort arbeiten Hunderte sogenannter „Techies“, also junge IT-Spezialisten.

Für die meisten war der Wechsel zur DKB beziehungsweise ihrem Start-up ein Kulturschock. Es dauerte Monate, bis Banker und Techies gelernt hatten, die gleiche Sprache zu sprechen. Arnulf Keese hatte geahnt, dass es anfangs schwer werden würde. „Wenig versprechen, viel halten“ – diese Devise gab der Digital-Chef allen Beteiligten mit auf den Weg. Nach den Anlaufschwierigkeiten stellten sich dann aber rasch die ersten Erfolge ein. Zu den wichtigsten Novitäten, die die Techies bei der DKB entwickelt haben, gehört eine neue Banking-App. Im Unterschied zu den meisten Konkurrenzprodukten ermöglicht sie beim Log-in neben PIN und Touch ID auch die Gesichtsidentifizierung. Solche neuen Konzepte und Ideen werden maximal sechs Wochen getestet. Danach fällt die Entscheidung, ob das neue Produkt angeboten wird oder nicht.

Im Unterschied zu DKB und ING, zwei privatwirtschaftlichen Banken, handelt es sich bei der KfW (Kreditanstalt für Wiederaufbau) um ein Institut im Eigentum von Bund und Ländern. Einer der größten Banken Deutschlands weht nicht gerade der scharfe Wind des Wettbewerbs um die Nase. Eine Hauptaufgabe der staatlichen Förderbank besteht vielmehr darin, finanzielle Hilfen des Bundes an Unternehmen und Privatpersonen auszureichen. Doch auch ein solcher Koloss ist dazu imstande, agile Arbeitsmethoden einzuführen. Dies bewies Melanie Kehr, die seit Anfang 2019 für die Informationstechnologie der KfW verantwortlich zeichnet. Die IT-Systeme waren seinerzeit etwas in die Jahre gekommen, was wiederholt zu Pannen führte und die Bankaufsicht Bafin veranlasste, diese Mängel zu rügen. Um die Computer der öffentlich-rechtlichen Anstalt möglichst rasch à jour zu bringen, beschloss Kehr, die für die Branche damals noch eher unübliche Arbeitsmethode Scrum einzuführen. Binnen kürzester Zeit gelang es ihr durch diesen außerordentlich mutigen Schritt, die Prozesse in der IT-Entwicklung zu modernisieren und somit die Leistungsfähigkeit der IT zu erhöhen. IT-Chefin Kehr beschloss, die agile Arbeitsweise Scrum zunächst testweise bei einzelnen Projekten einzuführen – nach dem Prinzip „think big, start small“. Doch rasch sprach sich in der gesamten IT herum, wie vorteilhaft die neue Methode ist. Kehr unterstützte daher auch die flächendeckende Einführung von Scrum für die IT-Entwicklung. Ende 2020 hatten rund 80 Prozent aller Projektteams in der IT das Modell übernommen. „Das agile Arbeiten hat die Projekte beschleunigt“, resümiert Vorständin Kehr. Überdies sei der Arbeitsstil kollegialer geworden.

Corona bildete die Nagelprobe für die neuen Arbeitsmethoden. Um die Rezession, die die Pandemie hervorgerufen hat, möglichst rasch zu überwinden, beschloss die Bundesregierung großzügige Hilfsprogramme für die Wirtschaft. Mit der Vergabe wurde die KfW beauftragt, die die staatlichen Fördermittel über die Hausbanken an die Unternehmen auszahlte. Doch am Anfang war längst nicht immer klar, welche Firmen überhaupt Anspruch auf Geld aus Berlin hatten. Die IT-Experten der KfW legten sich ins Zeug. Binnen zwölf Tagen entwickelten sie gemeinsam mit den Fachabteilungen einen digitalen Förderassistenten, mit dessen Hilfe die Unternehmen rasch feststellen konnten, ob und in welcher Höhe sie Fördermittel des Bundes bekommen würden und welche Unterlagen für die Antragstellung benötigt wurden. Ohne Scrum hätte es wohl erheblich länger gedauert, dieses Instrument zu entwickeln.

Über die Einführung agiler Methoden hinaus hat die KfW erfolgreich die Weichen für eine ganz andere Transformation gestellt, die viele Banken noch vor sich haben – den Übergang zu nachhaltigen Geschäftsmodellen. Die staatliche Förderbank ist in Deutschland der größte Financier von erneuerbaren Energien. Unterstützt werden nicht nur private Bauherren, die eine Solaranlage auf dem Dach installieren oder ein energieeffizientes Wohnhaus bauen wollen. Geld gibt es auch für kommerzielle Betreiber von Solar- und Windparks. Die KfW finanziert sich wiederum großteils mit Green Bonds, also Anleihen, deren Erlöse nur für den Umwelt- und Klimaschutz verwendet werden dürfen.

Neben der KfW haben sich rund ein Dutzend kleinerer deutscher Kreditinstitute auf nachhaltige Investments spezialisiert. Dazu gehören die GLS Bank aus Bochum, die Pax-Bank aus Köln und die Umweltbank aus Nürnberg. Sie alle haben sich dazu verpflichtet, bei ihren Aktivitäten strenge ethische, soziale und ökologische Maßstäbe zu befolgen. Dieses Geschäftsmodell ist bei den Kunden zunehmend gefragt. 2020 verlegten 38.000 Sparer ihr Konto zur GLS, dem deutschen Marktführer unter den Nachhaltigkeitsbanken.

Für die traditionellen Kreditinstitute sind die Ökobanken womöglich eine ebenso große Gefahr wie die FinTechs. Wenn sie ihre Kunden halten wollen, müssen sie neue Strategien und Geschäftsmodelle entwickeln. Das bedeutet tiefe Einschnitte in die bestehenden Strukturen und Prozesse. Ebenfalls grundlegend ändern muss sich die Denkweise von Kundenbetreuern, Analysten und Managern. Den konventionellen Banken steht eine gewaltige Transformation bevor. Ausgerechnet die Volks- und Raiffeisenbanken genießen hier gewisse Vorteile. Die Genossenschaftsinstitute gelten zwar als recht konservativ und alles andere als reformfreudig. Doch sie können auf Unterstützung durch die Ethik- und Umweltbanken zählen. Denn die meisten dieser Institute sind als Kreditgenossenschaften Mitglied im Bundesverband der Deutschen Volksbanken und Raiffeisenbanken (BVR), wo die gegenseitige Unterstützung eine lange Tradition hat. „Wir beraten andere Genossenschaftsinstitute bei der Einführung von nachhaltigen Investments", sagt GLS-Chef Thomas Jorberg. Erste Erfolge lassen sich beobachten: Nicht wenige Volks- und Raiffeisenbanken haben Angebote für eine ethische und ökologische Geldanlage eingeführt. Es sind also bis dato vor allem Außenseiter, die Prototypen für die Bank der Zukunft ersinnen und in der Praxis ausprobieren: Die Umwelt- und Ethikbanken sind Pioniere der sozial-ökologischen Transformation der Finanzmärkte. Die DKB, einst erste private Bank in Ostdeutschland, treibt mit Macht die Entwicklung zur volldigitalisierten Bank voran. Und die ING Deutschland, ehedem von den Gewerkschaften als erste deutsche Direktbank gegründet, wendet heute besonders konsequent agile Arbeitsmethoden an. Eines haben diese Konzepte alle gemeinsam: die konsequente Ausrichtung auf geänderte Wünsche und Anforderungen der Kunden und der eigenen Mitarbeiter.

Valentin Weimer,
Gründer und CEO Kaufhaus des Guten

„Erfolgreiches Unternehmertum bedeutet, sich immer neu zu erfinden. Vor allem bei uns im Handel ist nichts so beständig wie der Wandel – wir müssen uns ständig hinterfragen. Galileo Galilei hatte daher recht: Zweifel ist der Vater jeder Innovation.

‚Re-Invention' ist daher ein Grundelement einer Erfolgs-DNA. Für uns Unternehmer wäre die größte Erfindung daher die Erfindung, wie man erfindet. Und wenn man die Gabe der permanenten Re-Invention dann für andere einsetzt – im Geschäft und über das Geschäft hinaus –, dann erzielt man nicht nur finanzielle, sondern auch soziale Renditen. Und die sind besonders wertvoll."

„Für mich bedeutet ‚Re-Invent‘, stets den Status quo zu hinterfragen. Wir müssen den Mut haben, Veränderungen aktiv anzugehen, und andere auf diesem Weg mitnehmen. Dabei muss man das Rad nicht immer neu erfinden. Ganz im Gegenteil: Die meisten Unternehmen haben ihren Erfolgsfaktor bereits gefunden. Statt diesen zu verändern, sollten wir darauf aufbauen und den ständigen Wandel unserer Welt aktiv mitgestalten.“

Christian Klein,
Vorstandssprecher SAP

Was bleibt, ist der Kunde –

IT-Sales im Wandel der Zeit

Zwei Dinge sind sicher: Das beste Angebot oder Produkt ist nutzlos, wenn der Kunde es nicht kauft. Und: Die ehrlichste und aussagekräftigste Referenz eines B2B-Unternehmens ist der Geschäftserfolg seiner Kunden. Was dem 26-jährigen Uni-Absolventen und Berufsanfänger Joachim Langmack vor allem imponierte – und das gilt bis heute –, ist, wenn die eigene Firma einer Kultur und einem klaren Wertebild folgt.

„Nichts ist so beständig wie der Wandel." Als junger Mann glaubte ich nicht, dass dieses mehr als 2.500 Jahre zurückliegende Zitat von Heraklit von Ephesus meinen Berufsalltag so bestimmen würde. Bis ich 1970 direkt nach meinem Studium zu IBM ging. Wie konsequent dort die Logik permanenten Wandels einerseits schon damals in weltweit richtungsweisende Re-Invents mündete, aber andererseits auch an ihre Grenzen stieß, hat mich sehr schnell zu Erkenntnissen geführt, die fortan mein Leben prägen sollten und mich – heute eher ungewöhnlich – bei meinem ersten Arbeitgeber 30 Jahre verbleiben ließen. Aber warum?

Geradlinigkeit als Erfolgsgarant

Als Newcomer bei IBM lernte ich schnell, dass das Geschäft des Unternehmens auf klaren Grundüberzeugungen fußte: Respekt vor dem Einzelnen, Streben nach Höchstleistungen in allen Bereichen und Verpflichtung zu optimaler Kundenbetreuung. Mit der Etablierung dieser Prinzipien gilt Thomas Watson sr. als erster Unternehmensführer, der bereits 1914 eine Kultur für sein Unternehmen entwickelte.[1] Der Tradition seines Vaters folgend betonte Watson jr. 1962, „dass der wichtigste Einzelfaktor für den Unternehmenserfolg die konsequente Einhaltung dieser Überzeugungen ist". Unternehmen müssten bereit sein – so viel zum Stichwort „Grenzen des Wandels" – im Laufe ihres Daseins alles an sich zu ändern, „außer die eigenen Werte und Überzeugungen".[2] Ein Satz, der mich nachhaltig geprägt hat – Visionen, Mut und der Wille zur Veränderung auf der einen, Respekt, Leistungsbereitschaft und maximale Kundennähe auf der anderen Seite. Eine geradlinige Philosophie, die zum Erfolgsmotor eines der größten IT-Unternehmen der Welt wurde – und bis heute nichts an Aktualität verloren hat.

Von der Vision zur Innovation

„Ohne eine Vision und ohne Mut erreicht man nichts", so Watson jr. Entsprechend beschloss er 1962, die Produktstrategie des Unternehmens neu zu erfinden und die /360-System-Familie mit gleicher Software und gleichen Peripheriegeräten für die gesamte Produktlinie auf den Markt zu bringen. Mit diesem fundamentalen Re-Invent des eigenen Portfolios und den sich damit ergebenden Möglichkeiten konnten erstmals Kundenlösungen für Universalrechner programmiert, kompiliert, verknüpft und ausgeführt werden. Ein Wendepunkt in der Geschichte der Datenverarbeitung, der das Informationszeitalter einleitete – und für IBM einen Erfolg auf den Weg brachte, der zwei Jahrzehnte andauern sollte. Zugleich eröffnete sich ein gewaltiger Markt für Produkte und Dienstleistungen, der ständig in Bewegung war: Allein der technische Fortschritt in der Chipentwicklung verzeichnete innerhalb von etwa 18 Monaten eine Verdoppelung der Transistorendichte und ermöglichte damit kostengünstige Leistungssteigerungen in der Verarbeitung (Moore'sches Gesetz). Dazu kamen große Fortschritte bei Speichertechnik, Vernetzung, Sensorik und Programmierung. Für mich, von Haus aus Mathematiker, ein Faszinosum und als Anwendungsentwickler ein Segen.

Gewaltige Nachfrage und neue Aufgaben

Die Herausforderungen für den Einsatz der /360-Systeme lagen vor allem bei den Kunden, mussten diese doch neue Abteilungen für ihre Elektronische Datenverarbeitung (EDV) aufbauen. Deshalb wurden zur Unterstützung der Kunden und der IBM-Vertriebsbeauftragten technisch ausgebildete System Engineers als Verkaufs- und

Installationsunterstützer ohne gesonderte Berechnung zur Verfügung gestellt, die die Transformation und den Betrieb beim Kunden unterstützten, Programme erstellten und implementierten.

Nachfrage und Marktmacht der IBM waren gewaltig. Die Lieferreihenfolge der /360-Systeme wurde damals zeitweise aus Gleichbehandlungsgründen unter notarieller Aufsicht verlost! Ziel für den Vertrieb war es dabei, langfristige Kundenbeziehungen aufzubauen und über Architekturkonzepte die Investitionssicherheit und Zufriedenheit zu ermöglichen.

„Ein Unternehmen hebt sich nur dann ab, wenn es bereit ist, anscheinend unmögliche Aufgaben in Angriff zu nehmen", lautete der Appell von Watson jr. und er sollte recht behalten. Bald wurden auch Großprojekte realisiert, die herausragend innovativ und vertraglich kaum zu fassen waren, zum Beispiel Bildschirmtext, die gesamte Post-Logistik, das Reservierungssystem Amadeus oder auch das weltweite, umfassende Diagnosesystem für alle Fahrzeuge der Daimler-Benz AG. Das funktionierte auch deshalb, weil Vertrieb und Liefereinheiten IBM-weit durch die indirekten Bereiche lösungsorientiert unterstützt wurden. „Everybody sells" und „Customer first" galt für ausnahmslos alle Bereiche, ohne die eigenen Ziele zu vernachlässigen. Für mein Vertriebsteam war klar, dass wir unsere grundlegenden Überzeugungen – allen voran die Verpflichtung zu optimaler Kundenbetreuung – nur einhalten konnten, wenn wir Klarheit im Leistungsversprechen sowie Zeit- und Budgettreue sicherstellten.

Paradigmenwandel durch Druck von außen
1977 ging Apple in die Massenproduktion der Personal Computer (PC), was den Markt völlig veränderte. Obwohl selbst spät dran konnte IBM mit der Einführung des IBM PC im Jahr 1981 noch einen schnellen Erfolg erringen. Allerdings war das Unternehmen zu diesem Zeitpunkt in seiner Innovationskraft bereits signifikant blockiert. Die Mainframe-Erfolge hatten die eigene Marktsicht verblendet und dazu geführt, dass das US-Justizministerium seit 1969 wiederholt Untersuchungen durchführte, um herauszufinden, ob IBM in wettbewerbswidriger Weise den IT-Markt kontrollierte.

Der ehemalige Executive Nick Donofrio erinnert sich rückblickend auf 41 Jahre IBM-Karriere an das Anti-Trust-Verfahren: „Die Kultur ging nun in die Richtung: Sei vorsichtig, was du sagst. Sei vorsichtig, was du schreibst. Du wirst beobachtet."[3] Und wo einst Respekt für den Einzelnen oberstes Gebot war, wandelte sich dies in neues Anspruchsdenken um. Die Bereitschaft zu Höchstleistungen wurde zu Perfektionismus, die optimale Kundenbetreuung durch „Wünsch dir was, lieber Kunde"[4] verdrängt, ohne dabei seriös zu beraten. Nach Ansicht vieler im IBM-Hauptquartier in Armonk hatte eine rückwärts gerichtete Attacke der eigenen Regierung die Watson'sche DNA des Unternehmens paralysiert.

Ich war zu dieser Zeit als Geschäftsstellenleiter Industrie Stuttgart für die Kunden Daimler, Porsche, Bosch, SEL und dann für die Daimler-Benz AG weltweit verantwortlich. Wir betreuten „unsere" Kunden, die schon immer bestens über Technologie, Trends und Wettbewerbssituation informiert waren, weiter unverändert hanseatisch geradlinig und fair, konsistent in IT-Architektur und Implementierung, servicebetont und ganz im Sinne der Zielsetzung eines „Trusted Advisors“. Das Ergebnis war positiv messbar im Erfolg unserer Kunden und deren Zufriedenheit sowie im Umsatzwachstum unserer Produkte und Dienstleistungen.

Re-Invent führt zu umfassender Kundenanalyse

Als Folge der kartellrechtlichen Untersuchungen des US-Justizministeriums, die auf die Zerschlagung des damals nach Börsenwert größten Unternehmens der Welt abzielten, änderte IBM die eigene Vermarktungspolitik und kündigte an, Software, Dienstleistungen und Hardware als separate Produktklassen zu entbündeln. Dieser Schritt wird als Beginn der Software- und Services-Industrie angesehen und bedeutete für unseren Vertrieb ein neuerliches Re-Invent mit Betonung auf Dienstleistungen. Es reichte nicht mehr allein, die eigenen Produkte in Funktion, Nutzen und Differenzierung zum Wettbewerb zu kennen. Der Kunde selbst war nun von noch zentralerer Bedeutung: Sein Geschäftsmodell, seine Pläne und Abläufe, Fachbereiche und Einkauf, Machtverteilung, Entscheidungs- und Budgetsituation, die Wettbewerbssituation und passende Innovationen rückten in den Fokus. Ein erneuter Paradigmenwechsel. Zugleich ein Meilenstein für Vertriebserfolge, die mehr denn je auf Vertrauen, Kompetenz, Beziehungsqualität und vor allem Kundennutzen und -erfolg beruhten und nicht mehr nur in den Bereichen IT und Einkauf, sondern verstärkt auch in den Fachbereichen entschieden wurden.

Beratungskompetenzen entscheiden

Um an den komplexen Entscheidungsprozessen der Kunden möglichst früh zu partizipieren, wurde 1992 die IBM Consulting Group und für Deutschland die IBM Unternehmensberatung GmbH (UBG)[5] gegründet. Als diese wieder in den Konzern integriert werden sollte, stellte sich heraus, dass die Kredibilität einiger Consultants für gewisse

Aufgabenstellungen stärker war als die Zugkraft des IBM-Logos. Entsprechend entwickelte sich die Anfang 2000 unter anderem von mir gegründete Consulting-Innovation-Technology AG (CITAG) schnell zu einer attraktiven Beratung. So erfolgreich, dass sie nach nur knapp zwei Jahren erst von der Systematics AG und dann von Electronic Data Systems (EDS), dem seinerzeit zweitgrößten Dienstleistungsunternehmen für Informationstechnologie weltweit, gekauft wurde.

Risikominimierung statt Verlässlichkeit

EDS war eine starke „Delivery Company“. Alles war darauf ausgerichtet, den Liefererfolg sicherzustellen. Der Vertrieb wurde so scharf kontrolliert, dass nur versprochen und zugesagt werden konnte, was ohne Abstriche lieferbar war. In diesem Fall wurde das „Fair-teilen“ der kontrahierten Aufgaben schnell wichtiger als das „Ranschaffen“ neuer Projekte. Insbesondere Outsourcing-Verträge wurden erst detailliert im Land und in der europäischen Zentrale geprüft und dann im Headquarter in Dallas vom Executive Board freigegeben. Das führte zu einer so starken Verlagerung auf interne Überzeugungsarbeit, dass die Vertriebler nach interner Freigabe beinahe vergessen hatten, dass der Interessent noch endgültig entscheiden muss. Von den rigiden, festgeschriebenen Verfahren und der notwendigen Disziplin konnte der Vertrieb allerdings auch lernen und im Angebotsprozess gegenüber dem Kunden äußerste Risikoarmut und weltweite Referenzen vermitteln. Dem mutigen „Wir kriegen das verlässlich hin“ stand bei EDS ein „Lieber kein Vertragsabschluss als ein riskanter Deal“ gegenüber.

Vertriebsumbau bei T-Systems

Als ich 2008 als Vertriebschef zu T-Systems kam, war die Aufgabe, den Vertrieb der Großkundensparte der Telekom umzubauen und den Dienstleister vor allem auf große Deals auszurichten. T-Systems hatte die Jahre zuvor das Bestandsgeschäft optimiert und eine sehr gute Kundenzufriedenheit, doch kaum Wachstum erreicht. Nun aber zeigten die Tugenden, die sich mir während meiner ersten beruflichen Jahre so nachhaltig einprägten, auch für den Vertrieb der T-Systems ihre positive Wirkung. Nicht nur Umsatz und Profit stiegen: Viele Neukunden von damals sind heute noch unter Vertrag.

Respekt vor dem Einzelnen, Streben nach Höchstleistung und „Customer first“ in ALLEN Bereichen – es mag „Old School“ klingen, doch diese Prinzipien haben sich erneut bewährt. Reduzierte Hierarchien und enge Kommunikation der Führungskräfte untereinander sorgten für ein einheitliches Bild und wirkten in die Mitarbeiterschaft. Durch das „Open-Door“-Prinzip kamen Sorgen und Probleme von Mitarbeitern unabhängig von Hierarchiestufen ungefiltert auf den Tisch und konnten oft einfach gelöst werden. Vertrauen untereinander als wichtigste Grundlage bewirkte, dass Berater und Vertriebler regelmäßig nicht nur über sich selbst hinauswuchsen, sondern auch disruptiven Entwicklungen in ihrem Geschäftsumfeld stets einen Schritt voraus waren. Es waren arbeitsame, aber erfolgreiche Jahre für T-Systems – kundenorientiert, leistungsstark und mit gegenseitigem Respekt und Vertrauen.

Fazit für den Vertrieb

In einer Zeit, in der Re-Invent-Prozesse aufgrund von Marktdynamik und Innovationstempo beinahe zum Tagesgeschäft gehören, ist ohne eine stabile Unternehmenskultur mit verlässlichen Werten kein nachhaltiger Vertriebserfolg möglich. Und der ist vornehmlich abhängig vom Kunden, dem „Final Arbiter" als endgültigem Entscheider. Für den langfristigen Geschäftserfolg müssen deshalb alle Anstrengungen auf den Erfolg jedes einzelnen Kunden zielen. Der globale Wettbewerb verstärkt die Notwendigkeit und dabei gilt: „Nicht die Großen fressen die Kleinen, sondern die Schnellen überholen die Langsamen."[6]

Dass diese Orientierung dediziert als Customer Success Management in immer mehr Unternehmen verankert wird, freut mich sehr. Schon hat SAP als eines der ersten Unternehmen weltweit Customer Success als eigenes Vorstandsressort eingeführt. Und nicht wenige der Stellenangebote – ob in Service, Sales oder Architecture – beginnen heute ihre Job Description mit „Customer Success Manager". Eigentlich nicht viel anders als vor 50 Jahren. Nur dass wir es damals noch nicht so nannten. Und dazu passt – wie ich finde – doch sehr gut eine andere Lesart des Zitats von Heraklit: „Die einzige Konstante im Universum ist die Veränderung", und sei es auch nur die eines Namens.

---

[1] Kevin Maney, Steve Hamm, Jeffrey M. O'Brien: „Im Dienst der Welt", IBM Press, 2011, p. 148
[2] Thomas Watson jr.: „A Business and its Beliefs", McGraw-Hill, New York, 1963
[3] Kevin Maney, Steve Hamm, Jeffrey M. O'Brien: „Im Dienst der Welt", IBM Press, 2011, Nick Donofrio im Gespräch mit Steve Hamm, 23. Juli 2010
[4] ebenda
[5] IBM UBG wurde 2003 mit Beratern der PWC vollständig in die IBM Business Consulting Services integriert.
[6] Eberhard von Kuenheim

JOACHIM LANGMACK

Nach Abschluss seines Studiums in Hamburg begann Joachim Langmack seinen beruflichen Werdegang 1970 bei IBM. Nach verschiedensten Führungsaufgaben im Konzern war der Diplom-Mathematiker dort zuletzt Generalbevollmächtigter der IBM Deutschland GmbH und Vorsitzender der Geschäftsführung der IBM Unternehmensberatung GmbH, bevor er sich im Jahr 2000 mit Gründung der CITAG Consulting AG selbstständig machte. Nach dem Verkauf des Unternehmens an die Systematics AG und deren Übernahme 2004 durch EDS wechselte Langmack als Chief Sales Officer zur Großkundensparte T-Systems der Deutschen Telekom. Seit 2011 ist Joachim Langmack wieder als selbstständiger Unternehmensberater und Beirat tätig.

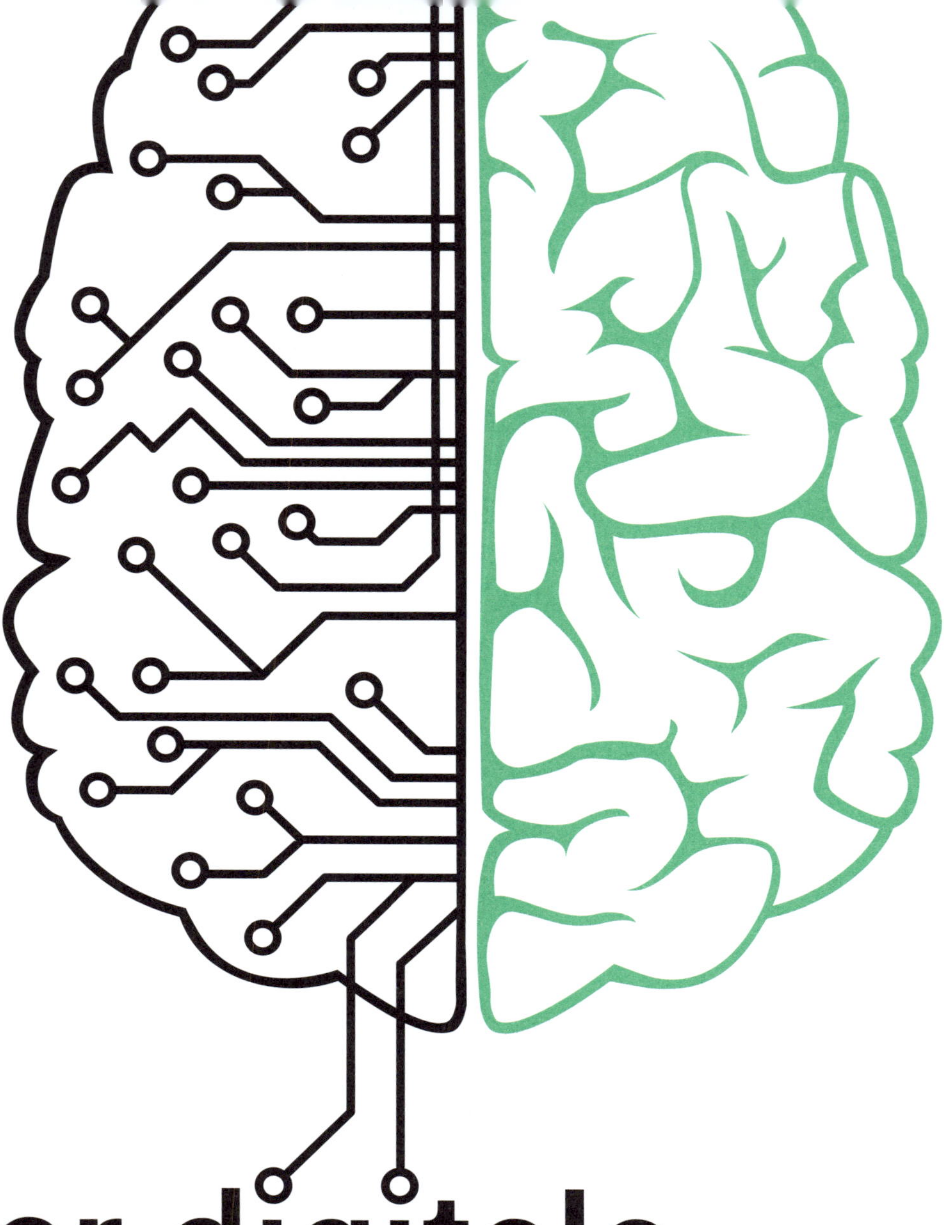

Wer digitale Prozesse neu denkt, der lenkt

„Digitalisierung? Mach ich morgen.“ Damit Unternehmen nicht im Hier und Jetzt stagnieren, sondern sich kontinuierlich weiterentwickeln, unterstützt sie die Scheer Holding seit 30 Jahren – und erfindet sich dabei selbst immer wieder neu. Warum es für Unternehmen mit Blick auf die eigenen Kunden und Partner buchstäblich lebensnotwendig ist, die digitalen Geschäftsprozesse kontinuierlich anzupassen und Innovationen unermüdlich voranzutreiben, erklärt Prof. Dr. August-Wilhelm Scheer in seinem Beitrag und verrät, worauf es dabei ankommt.

Die Digitalisierung, der Klimawandel, aber auch gesellschaftliche Veränderungen – wie ausgelöst nicht zuletzt durch Covid-19 – beeinflussen unsere Wirtschaft und Arbeitswelt in nie dagewesenem Ausmaß. Mit einer immer höheren Geschwindigkeit und bis dato unbekannter Vehemenz. Sie zwingen Unternehmen zum Umdenken. Produktion und Lieferketten werden automatisiert, New Work wird zum Quell neuer Zusammenarbeitsmodelle und Technologien wie Künstliche Intelligenz oder Blockchain stellen liebgewordene Standards auf den Kopf. Die Globalisierung nimmt zu. Die Herausforderung, Prozesse im eigenen Unternehmen entlang der Bedürfnisse von Kunden und Partnern auszurichten, mitunter ganze Geschäftsmodelle neu zu denken, steigt in dem Maße, in dem sich die Menschen und deren Erwartungshaltung verändern.

Dafür nur ein Beispiel: Mit der Möglichkeit, mittels Smartphone jeden Moment digital festzuhalten, zu speichern und zu teilen, wurden sechs Schritte des bisherigen analogen Prozesses des Fotografierens obsolet (Abbildung 1). Kamerahersteller und Anbieter, die Filme verkauften und Fotos entwickelten, waren mit dieser Veränderung konfrontiert und mussten ihre Geschäftsmodelle und -prozesse überdenken und daran anpassen. Das – wenngleich mittelständisch – bis 2007 als Aktiengesellschaft betriebene Unternehmen CEWE in Oldenburg, das sich rechtzeitig Mitte der 90er-Jahre von analoger Richtung digitaler Fotografie orientierte, ist ein erfolgreiches Beispiel dafür. Andere findet man zwar auch noch, allerdings zum größten Teil im Neandertal der Branche.

Abbildung 1

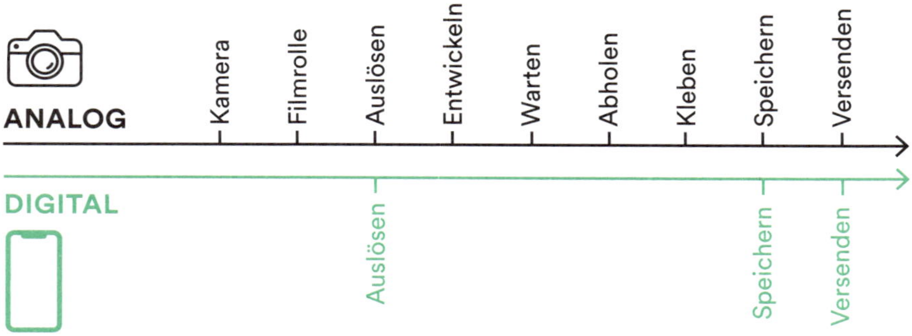

Um sie vor Letzterem zu bewahren, unterstütze ich Unternehmen mit meiner Holding dabei, sich über Innovationen neu aufzustellen, ihre digitalen Geschäftsprozesse zu optimieren, neue Geschäftsmodelle zu realisieren – und sich dabei ein Stück weit sogar gesamtheitlich neu zu erfinden.

Dazu erarbeiten wir in spezialisierten Teams zielgerichtet Methoden und Branchenwissen, entwickeln Software und managen den Betrieb von Kundensystemen. Dabei ist die Verbindung zur Forschung, so meine Erfahrung, ganz entscheidend. In mehr als 30 Jahren als Universitätsprofessor, davon 20 Jahre parallel als Unternehmer, habe ich beide Seiten in ihrer gegenseitigen Befruchtung kennengelernt. Als Wissenschaftler konnte ich meine Unternehmen frühzeitig auf interessante neue Entwicklungen in der Forschung aufmerksam machen. Als Unternehmer habe ich mit meiner praktischen Erfahrung neue Trends der Forschung auf ihre Umsetzbarkeit prüfen und beurteilen können. Deshalb ist es gerade für uns als Beratungsunternehmen essenziell, beide Perspektiven zu kennen und unseren Wissenshorizont ständig zu erweitern. Nur wer weiß, wie sich Entwicklung und Herausforderungen der Digitalisierung auf das eigene Leistungsangebot auswirken, kann den eigenen Kunden einen echten Mehrwert bieten. Mit dem Anspruch, die eigenen Grenzen zu pushen und konsequent über den eigenen Tellerrand hinauszublicken, beteiligen wir uns regelmäßig an öffentlichen Ausschreibungen und entsprechenden Forschungsprojekten. Wenn es um Zukunftsthemen wie etwa Smart Health, Digital Greentech, Smart Digital Processes, Digital New Work und Digital Learning geht, kooperieren wir beispielsweise mit dem Forschungsinstitut AWSi. So öffnen wir auch Themenfelder für Neugründungen oder Erweiterungen der Geschäftsfelder der bestehenden Unternehmen. Und was mich jedes Mal aufs Neue staunen lässt, aber auch ein wenig stolz macht: Dabei erfinden wir uns selbst auch immer wieder neu.

„Wir können unseren Kunden nur helfen, wenn wir ihnen an Wissen, Inhalten, Methoden und Werkzeugen voraus sind.“

PROF. DR. AUGUST-WILHELM SCHEER

August-Wilhelm Scheer ist Inhaber der Scheer Holding GmbH und Gründer des August-Wilhelm Scheer Instituts für digitale Produkte und Prozesse gGmbH (AWSi) in Saarbrücken. Der mehrfach promovierte und habilitierte Wissenschaftler arbeitete 30 Jahre lang als Universitätsprofessor und parallel dazu bis heute als Unternehmer. So hat er die Kollaboration von Forschung und Implementierung aus beiden Perspektiven kennengelernt: Als Unternehmer konnte er mit seiner praktischen Erfahrung neue Trends der Forschung auf ihre Umsetzbarkeit prüfen, als Wissenschaftler seine Unternehmen frühzeitig auf neue Entwicklungen aufmerksam machen. Zur Scheer Holding gehören die Unternehmen Scheer GmbH, Scheer PAS GmbH und imc AG.

Vier Leitlinien des Erfolgs

Sicher ist eins: Sobald digitale Herausforderungen in all ihrer Vielfalt für unsere Kunden und damit für deren Geschäftsmodelle und Prozesse zum „Thema" werden, haben sie Einfluss auf unsere Beratungsstrategien und Softwareprodukte. Wir können unseren Kunden nur helfen, wenn wir ihnen an Wissen, Inhalten, Methoden und Werkzeugen voraus sind. Gleichzeitig müssen wir diese Themen auch bei unseren eigenen Investitionsentscheidungen in puncto Ressourcen beurteilen und Chancen sowie Risiken abwägen. Und die Ziele mit unseren Kunden besprechen. Daraus ergeben sich immer wieder vier zentrale Handlungsfelder in der digitalen Unternehmenswelt:

1 Innovationen in Form von neuen Businessmodellen und Prozessen an den Start bringen, die vom Kundennutzen, also „outside-in", gedacht sind und schnell implementiert werden können.

2 Bestehende Geschäftsprozesse automatisiert analysieren und modellgestützt auf Basis langjähriger Erfahrung optimieren. Bei der automatischen Analyse von Geschäftsprozessen (Process Mining) entwickeln wir Konzepte zur automatisierten Verbesserung der Prozesse durch Robotic Process Automation (RPA) und Softwarebausteine, folgen also von „insight to action".

3 Reorganisationsprojekte wie eine Softwareumstellung meistern, etwa durch ein digitales Prozesssteuerungssystem, das dem Kunden hohe Transparenz und eine sichere Dokumentation bis hin zu einem Enterprise-Architecture-Konzept bietet, quasi ein digitaler Zwilling des Unternehmens.

4 Das Lernen und den Ausbau des Wissens im Unternehmen fördern durch die Bereitstellung entsprechender Inhalte, Tools und beispielsweise einer digitalen Lernplattform.

Auf einige dieser Ansätze, bei denen wir unsere Kunden begleiten, möchte ich im Folgenden näher eingehen.

Durch Innovationen wettbewerbsfähig bleiben

Eine der größten Herausforderungen für Unternehmen ist es, möglichst schnell, im Optimalfall proaktiv und vorausschauend, auf neue Wünsche und Bedürfnisse von Kunden, Lieferanten, Geschäftspartnern und Bewerbern zu reagieren. Das beginnt schon mit dem Verständnis, dass Kunden im Rahmen von Marketingaktionen eine individuelle Ansprache sowie für sie passende Produktangebote erwarten dürfen, entsprechend die eigenen Lieferanten zu Aktionen aufgefordert und ausgewählt werden, Partner gezielt für neue Geschäftsideen begeistert und – mit Blick auf all das, was noch kommt – Hochschulabsolventen zu Bewerbungen animiert werden müssen. Dass Zielgruppen unserer Kunden mit ihnen orts- und zeitunabhängig in Kontakt treten und

Digitale Herausforderungen

Disruptive digitale Geschäftsmodelle

Cloudcomputing

Arbeitsplatzautomatisierung durch RPA

Best-of-Breed- & Best-of-Suite-Entscheidungen

Komplexe Projekte

KI

Blockchain

Mangel an Fachkräften

Automatisierung Supply Chain

Lieferkettenprobleme

Low-Code-Softwareentwicklung

Industrie 4.0

Neue Arbeitsmodelle

Homeoffice

Demografischer Wandel

Globalisierung

Klimaschutz

Modellgestützte Softwareeinführung

über alle Kommunikationskanäle hinweg eine einheitliche Customer Experience erleben wollen, muss man im Zeitalter der Digitalisierung kaum mehr jemandem erklären. Dafür jedoch brauchen Unternehmen Software-Anwendungen, die sich spezifisch und vor allem kurzfristig entwickeln und schnell an neue Situationen anpassen lassen. Wir bezeichnen derartige Applikationen als „build to change“. Im Gegensatz zu ihnen stehen „Build to Last“-Backend-Anwendungen der klassischen Geschäftsprozesse wie Finanzen, Einkauf, Vertrieb, Logistik oder Personal, die durch Standardsoftware wie ERP-Systeme abgedeckt sind und eine nur geringe Änderungsfrequenz haben. Typisch für „Build to Change“-Anwendungen ist, dass sie zusammen mit externen Akteuren und Partnern genutzt werden, während dauerhafte Anwendungen stärker interne Prozesse betreffen. Der Nutzen neuer digitaler Geschäftsmodelle zeigt sich vor allem in der Top-Line, also in der Umsatzsteigerung.

Abbildung 2

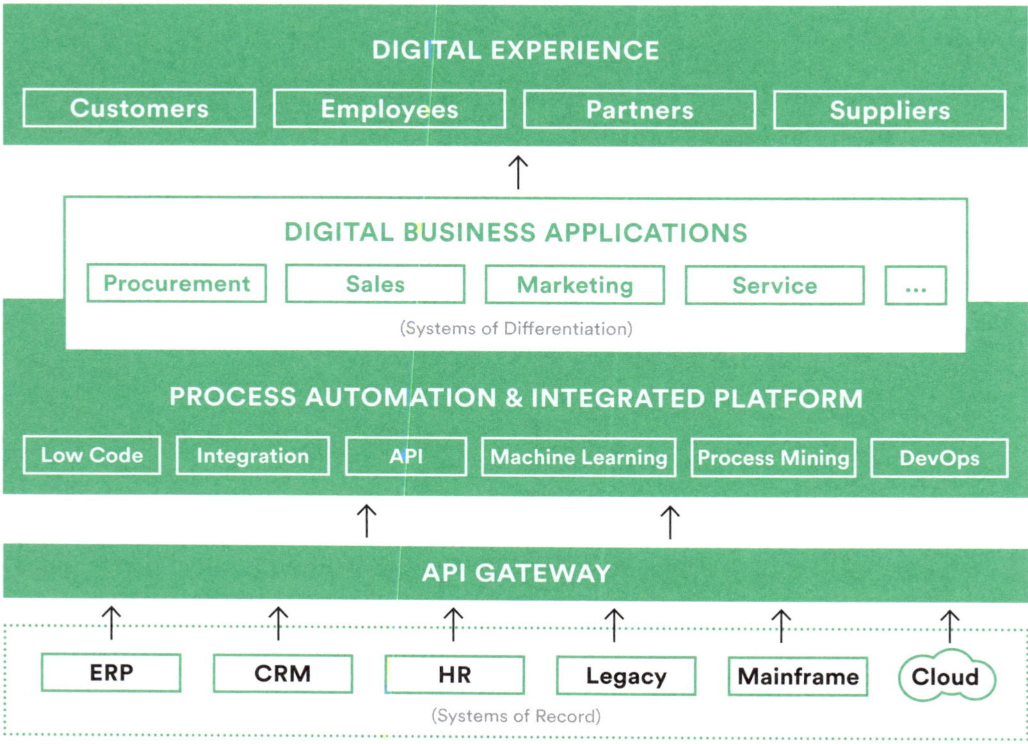

Doch wie können diese „Build to Change“ Anwendungen möglichst schnell realisiert werden? Kürzere Innovationszyklen erfordern ständig neue Softwarearchitekturen. Wir haben dafür die Scheer-PAS-Entwicklungsplattform mit einer Technik entwickelt, die keine detaillierten Programmierkenntnisse voraussetzt, sodass auch Mitarbeiter aus den Fachabteilungen mit einbezogen werden können (Abbildung 2). Dies wird als „low code bis no code“ bezeichnet. Das steuert auch dem Mangel an IT- Spezialisten in den Unternehmen entgegen. Die Software kann mithilfe eines Application-Program-Interface (API)-Managements in die Backend-Anwendungen integriert werden. Zudem werden immer stärker Verfahren der Künstlichen Intelligenz (KI) eingebettet, um zum Beispiel bei Marketing- und Vertriebsanwendungen mittels Datenanalysen auf individuelle Eigenschaften der Kunden einzugehen. Dafür werden Schnittstellen zu entsprechenden Methoden, etwa dem maschinellen Lernen, unterstützt.

„Dass die Zielgruppen unserer Kunden über alle Kommunikationskanäle hinweg eine einheitliche Customer Experience erleben wollen, muss man im Zeitalter der Digitalisierung kaum mehr jemandem erklären."

AUGUST-WILHELM SCHEER

Flexibility
Agility
Speed
Built to Change

Efficiency
Harmonization
Standardization
Built to Last

Durch optimierte Geschäftsprozesse Kosten sparen

Ein weiterer Ansatz, der sich nach und nach als treibendes Paradigma der Branche durchsetzt und mit dem sich Unternehmen an neue Markt- und Kundenanforderungen anpassen, ist die End-to-End-Verbesserung (E2E) bestehender Geschäftsprozesse. Der Nutzen dieser Verschlankung und Automatisierung bestehender Prozesse zeigt sich vor allem „bottom line", also in der Kostensenkung.

Wir von Scheer gehen dabei modellgestützt vor. Zur Entwicklung und zum Betrieb von Geschäftsprozessen nutzen wir verschiedene Modellierungssprachen und -tools (Abbildung 3). Anfang der 90er-Jahre haben wir das ARIS-Konzept für die Entwicklung und den Betrieb von Geschäftsprozessen erarbeitet und inzwischen um die Bereitstellung von Inhalten in Form von Referenzmodellen ergänzt. Mit Scheer performanceREADY (SPR) steht Unternehmen eine Bibliothek von Branchenmodellen zur Verfügung, die auch auf die Inhalte der SAP-Software ausgerichtet ist und Kunden beim Entwurf ihres individuellen Modells unterstützt. Konkret 14 Branchen bietet sie Best-Practice-Lösungen

Abbildung 3

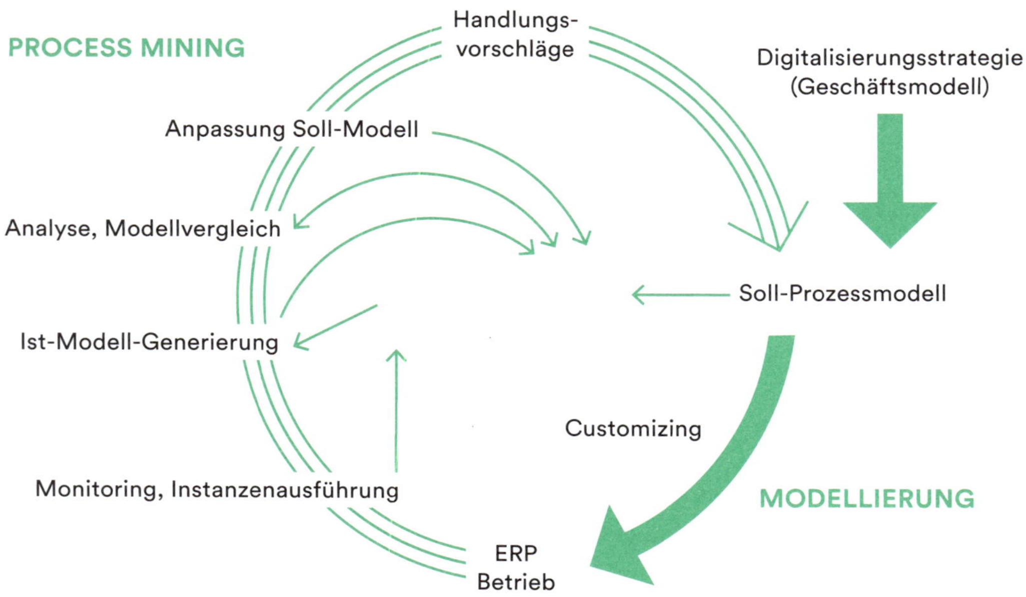

für mehr als 5.000 Geschäftsprozesse. Darin spiegelt sich die Kompetenz unserer Berater, insbesondere im Zuge von SAP-Implementierungen, aus vielen Kundenprojekten dezidiert wider. Nur so kann auf Basis eines Referenzmodells dann ein kundenspezifisches Modell entwickelt werden – und ein vergleichbarer Ansatz, der Unternehmen in hohem Maße Zeit spart.

Was passiert dabei im Detail? In der Ausführungsphase werden die einzelnen Prozessinstanzen von der Anwendungssoftware bearbeitet und via Monitoring verfolgt. Die Anwendungssoftware speichert dabei selbstständig, welche Transaktionen wie lange ausgeführt werden. Die entstehenden Logdateien werden damit zur Basis des Process Minings. Algorithmen generieren aus den Logdaten später eine Art Bericht, der mit einem Soll-Modell verglichen werden kann. Im Ergebnis können dann organisatorische Abweichungen in den Abläufen, Durchlaufzeiten und die Häufigkeiten, mit denen Nutzer unterschiedliche Prozesswege nehmen, mithilfe des Desktop Activity Minings analysiert werden. Klingt auf den ersten Blick komplex, ist aber – glauben Sie mir – kontextual absolut plausibel. Auch insoweit überprüfen wir neben der kontinuierlichen Verbesserung von bestehenden Geschäftsprozessen unserer Kunden auch ständig unsere eigenen Vorgehensweisen und Produktentwicklungen, ob wir den sich ändernden Marktanforderungen gewachsen sind.

Auch Monitoring muss sich wandeln

Ein Kritikpunkt des Mining-Ansatzes ist, dass er lediglich Mängel aufzeigt, aber nicht, wie diese behoben werden können. Dies führt inzwischen zu umfassenden Diskussionen über den Nutzen aufwendiger Mining-Systeme.

Deshalb sind wir dabei, den Mining-Ansatz, der „nur" Einsichten in das gegenwärtige Prozessverhalten gibt, zu einem optimierten Ansatz weiterzuentwickeln, der die Lösungen – getreu dem Motto „from insight to action" – gleich mit anbietet. Im Rahmen eines internen Forschungsprojektes entwickeln wir derzeit einen Prototypen, der (fast) automatische Verbesserungslösungen bietet.

Uns ist klar: Ein Anwender verwendet an einem Arbeitsplatz in der Regel mehrere Anwendungs- und Office-Systeme wie SAP, E-Mail und vieles mehr parallel. Darum darf unser Ansatz sich nicht nur auf ein bestimmtes Anwendungssystem beziehen, sondern muss systemübergreifend Details jedes Prozesses abbilden. Anstelle der Auswertung der Logdateien von Anwendungssystemen analysieren wir deshalb die einzelnen Aktionen der Testnutzer bis auf Click-Ebene. Dazu werden – ganz simpel – von den Bildschirmfolgen Screenshots angefertigt. Diese stehen nach Speicherung in einer eigenen Datenbank für die folgenden Mining-Auswertungen zur Verfügung – unabhängig von den eingesetzten Bearbeitungs- und Mining-Systemen. Dies ist ein Vorteil gegenüber bisherigen Lösungen, die auf den Daten dieser Systeme aufsetzen, weshalb für sie zunächst mal entsprechendes System-Know-how aufgebaut oder entsprechende Unterstützung zur Datenintegration in Anspruch genommen werden muss. Wir sind zuversichtlich, dass aus unserem Forschungsprototypen bald schon ein einsatzfähiges Produkt wird.

Mehrwert zur Veränderung

In diesem Sinne muss das dezidierte Ziel von Beratungsunternehmen sein, Unternehmen echte Unterstützung bei der kontinuierlichen Verbesserung ihrer Geschäftsprozesse zu leisten. Darum sehen wir unsere Prozess- und Softwarelösungen als wichtigen Beitrag, durch Innovationen kundenorientiert und wettbewerbsfähig zu bleiben und durch Optimierungen und Automatisierungen Kosten zu sparen. In engem Schulterschluss mit der Forschung erfinden wir uns dabei auch selbst immer wieder neu. Eine – wie ich sagen würde – Win-win-Situation. Die allerdings, außer Ambition, ein Grundverständnis zwingend voraussetzt: Dass erst die Verknüpfung bewährter Methoden, neuer Produkte und zukunftsgerichteter (Forschungs-)Prototypen die Basis dafür bilden, Unternehmen ein eigenes Re-Invent überhaupt möglich zu machen – egal wie komplex die Struktur auch sein mag.

Re-Think Mobility

DR. STEFAN CARSTEN

Seit mehr als 20 Jahren setzt sich der Zukunftsforscher und Stadtgeograf Stefan Carsten mit der Zukunft der Mobilität auseinander und verbindet dabei persönliches Interesse mit beruflichen Ambitionen. So spiegeln die Themen des Mobility Reports, den er jährlich für das Zukunftsinstitut in Frankfurt am Main erstellt, stets auch seine eigenen Erlebnisse: von Fahrten mit dem Lastenrad, mit dem er seine Kinder zur Kita oder Schule bringt, bis zu Fahrradtouren durch die ländliche Uckermark. Als Mitglied des Beirats des Bundesverkehrsministeriums entwickelt Stefan Carsten zudem strategische Leitlinien für die Zukunft des öffentlichen Verkehrs in Deutschland und lehrt darüber hinaus an der Hochschule für Technik in Stuttgart.

Die Verkehrsbelastung in den Städten nimmt seit Jahren zu – und damit die negativen Folgen für das Klima und die Gesundheit der Menschen. Der Mobilitätsforscher Dr. Stefan Carsten ist davon überzeugt, dass ein Umdenken in vielerlei Hinsicht dringend nötig ist. Dort, wo Straßen und Autos noch das Stadtbild dominieren, braucht es attraktive Räume und neue Arten von Mobilität. Warum nur ein radikaler Umbau des urbanen Raums eine nachhaltige, inklusive und sichere Zukunft verspricht, in der Firmen investieren und Menschen leben wollen, erklärt der Zukunftsexperte in seinem Beitrag.

Heute leben etwa 4,5 Milliarden Menschen in Städten, das entspricht 60 Prozent der Weltbevölkerung. Im Jahr 2050 wird dieser Anteil bereits bei mehr als 70 Prozent liegen. Diese Entwicklung stellt ganz neue Herausforderungen an den urbanen Raum – vor allem an die Mobilität. Der Verkehrssektor ist für 30 Prozent der gesamten CO_2-Emissionen in der Europäischen Union (EU) verantwortlich, davon hat der Straßenverkehr einen Anteil von über 70 Prozent. Während in allen anderen Wirtschaftssektoren die Emissionen im Vergleich zum Jahr 1990 gesenkt werden konnten, steigen sie im Verkehrssektor weiter an.

Längst wissen wir, dass, wenn Straßen gebaut werden, nur noch mehr Autos folgen. Und mit ihnen die negativen Folgewirkungen. Abgase, Lärm und zu wenig Raum für Aufenthalt und Begegnung beeinträchtigen die Lebensqualität in unseren Städten erheblich. Allein in Europa sind mehr als 50 Prozent der Bevölkerung, das heißt über 100 Millionen Menschen, krankmachendem Lärm von über 55 Dezibel ausgesetzt. Verkehrslärm verursacht zwischen 80 und 85 Dezibel. So verkürzt Lärm die Lebenserwartung um durchschnittlich drei bis vier Jahre – davon betroffen sind vor allem die gesellschaftlichen Gruppen, die sich ihren Wohnort nicht aussuchen können.

Dem gegenüber stehen die Vorzüge vom Leben in der Stadt: Kurze Wege zu Arbeitsstätte und Bildungseinrichtungen, vielfältige soziale und kulturelle Angebote, medizinische Versorgung und Einkaufsmöglichkeiten in nächster Nähe. Damit diese voll zum Tragen kommen und wir – trotz steigender gesellschaftlicher Herausforderungen – in puncto Lebensqualität in unseren Städten eine Trendwende erleben, braucht es eine

Umgestaltung des urbanen Raums. Dass uns das in Ansätzen schon gelingt, zeigt ein Blick auf unsere Innenstädte: Dort, wo die Auswahl an Transportmöglichkeiten groß ist, ist der Besitz eines Autos deutlich geringer. Der Anteil von autofreien Haushalten beträgt in Deutschlands Metropolen bereits 42 Prozent[1]. Hier greifen die Bewohnerinnen und Bewohner heute schon auf Scooter, den ÖPNV, das Fahrrad zurück oder gehen zu Fuß. Das entspricht meinem Verständnis von Mobilität. Damit solche Entwicklungen eine reale Chance haben und von Anfang an eine Eigendynamik entfalten, braucht es besonders in den Städten mehr Räume, die Begegnungen ermöglichen, Aufenthaltsqualität schaffen und der gesamten Bevölkerung einen einfachen Zugang zu vielfältigen Mobilitätsangeboten ermöglichen. Letzteres muss uns natürlich nicht nur in Innenstädten gelingen, sondern auch im ländlichen Raum, am Stadtrand und in den Vororten.

Urbane Lebensqualität im Fokus

Die Phasen der Immobilität, hervorgerufen durch die Corona-Lockdowns, waren sicherlich vor allem für Großstädter ein Augenöffner. Als der Himmel plötzlich frei von Kondensstreifen war, die Luft von Abgasen befreit, sauberer denn je, und der Lärm der Stadt auf ein Minimum reduziert, wurde uns bewusst, wie stark die urbane Lebensqualität unter den alltäglichen Verkehrsexzessen gelitten hat. Während der öffentliche Raum zusehends immer mehr zum privaten Parkplatz verkommen ist – ein Auto steht durchschnittlich 23 Stunden am Tag[2] –, haben sich die Standortfaktoren dramatisch verändert. Nicht mehr die Autobahnzufahrt entscheidet heute über die wirtschaftliche Prosperität einer Region, sondern die Aufenthaltsqualität. Eine Stadt ist für ihre Menschen attraktiv und lebenswert, wenn sie gesund und inklusiv ist, mit einem öffentlichen Raum, der diese Funktionen integriert und anbietet.

Was aber ist der öffentliche Raum? Parks und Grünanlagen. Natürlich. Fußgängerzonen, Bürgersteige. Klar. Aber eben auch Straßen. Sie sind die Repräsentanten einer industriellen Gesellschaft. Damals brauchte es ein allumfassendes Straßensystem, um die jahrzehntelang auf Wachstum ausgerichtete Wirtschaft der Moderne realisieren zu können. In diesen Zeiten waren Verkehrs- und Wirtschaftswachstum aneinandergekoppelt und bedingten sich gegenseitig. Obwohl diese Regeln in einer wissensbasierten Gesellschaft so nicht mehr gelten, werden immer noch bis zu 60 Prozent des öffentlichen Raums von Autos genutzt, egal ob bewegt oder geparkt. Volkswirtschaften, die ihre wirtschaftliche Entwicklung fern der Industrialisierungen realisiert haben, wie zum Beispiel Skandinavien, haben daher schon vor vielen Jahren damit begonnen, ihre städtischen Räume umzubauen und kontinuierlich an die Anforderungen und Bedürfnisse einer sich wandelnden Wirtschaft und Gesellschaft anzupassen.

„Einige Städte haben schon früh verstanden, dass es neue Anforderungen zu erfüllen gilt, um sich erfolgreich für die Zukunft aufzustellen – ökonomisch, sozial und ökologisch. Das ist nicht nur eine Frage des Stadtmarketings, sondern auch der baulichen Gestaltung der Städte selbst, die sich in einem ständigen Attraktivitätswettbewerb um Bewohnerinnen und Bewohner, Touristinnen und Touristen sowie um Ansiedlungen von Unternehmen befinden.“ [3]

Prinzipien einer Raumwende

Städte wandeln sich mit den Menschen, jeden Tag, jede Sekunde – und dokumentieren dabei Veränderungen, die uns alle betreffen. Räume bilden seit jeher die Keimzelle von Städten. Hier finden Begegnung und Kommunikation statt – und Ideen ihren Ursprung. Von hier gehen Impulse aus, die wichtige Veränderungen und Innovationen aus der Mitte vorantreiben. Damit dieser Austausch lebendig bleibt und auch künftig Früchte tragen kann, brauchen wir ein neues Verständnis und eine neue Strategie im Umgang mit den dafür notwendigen Räumen. Es braucht eine Raumwende.

Mehr Fahrräder, weniger Emissionen – das Straßenbild heute und in Zukunft[4]

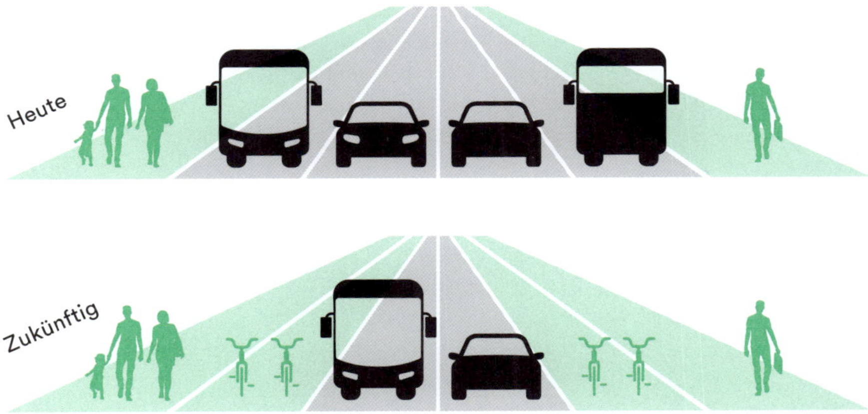

Neue Koordinaten

Als Verkehrs- und Transportwege geplant stellen Straßen unwillkürlich Barrieren dar, etwa wenn Eltern ihren Kindern sagen, dass diese Straße gefährlich ist. Damit definieren Straßen automatisch Aktionsräume und Nachbarschaften. Oftmals können sie nur durch technische Hilfsmittel passiert werden. Deshalb erwacht in Schweden die One-Minute-City zum Leben. Mit ganz neuen Maßstäben und dem Menschen im Mittelpunkt schafft das neue Raumkonzept buchstäblich Platz für einen Paradigmenwechsel. Räume werden hier nicht durch Straßen, sondern die ersten 15 Meter Fläche vor der eigenen Haustür beschrieben – sowie den Umkreis der Nachbarn. Dieser Radius definiert die unmittelbare Umgebung, die durch einen vielleicht einminütigen Spaziergang vor der eigenen Haustür abgesteckt wird. Anwohner arbeiten mit Designern zusammen, um herauszufinden, was ihnen in ihrem räumlichen Umfeld wichtig ist: eine Bank zum Ausruhen oder für Gespräche, ein Spielplatz oder ein Mobility Hub mit Scootern oder Fahrrädern.

Diese Objekte werden dann als Stadtmöbel direkt auf die Straße oder auf den Parkplatz gestellt – Fläche für Fläche wird so neu genutzt. Weg von Pkw-dominierten hin zu artenreichen und sozial vielfältigen Räumen. So gestalten die Menschen zum Beispiel in Göteborg, Umeå, Helsingborg, Västervik und natürlich Stockholm ihren Lebensraum heute selbstbestimmt. Gemeinsames Ziel: Räume, die integrieren, statt Grenzen, die Räume markieren.

Räume zum Bleiben

Noch immer sind die meisten Städte funktional getrennt und sogar Neubaugebiete folgen diesem klassischen Prinzip: Wohnviertel, Gewerbegebiete, Erholung. Diese räumliche Aufteilung erzeugt Verkehr und verhindert eine lebenswerte Stadt. In Paris durchbricht die Bürgermeisterin Anne Hidalgo gezielt diese Logik und folgt dem Leitbild der 15-Minuten-Stadt. Dort sollen alle relevanten urbanen Funktionen wie Verwaltung, Gesundheit, Bildung, Einkaufen oder Erholung innerhalb von 15 Minuten mit dem Fahrrad oder zu Fuß zu erreichen sein. Dafür braucht es sowohl Multifunktionalität an jedem Ort als auch die entsprechend ausgelegten Räume, um mit dem Fahrrad oder zu Fuß alles erreichen zu können. Hierfür entfernt die französische Hauptstadt 60.000 öffentliche Parkplätze, um Platz für Radwege zu schaffen. Wohnquartiere und Nachbarschaften werden durchmischt oder erhalten neue Funktionen. So entstehen aus Orten, die man früher zum Beispiel zum Einkaufen oder Sport verlassen musste, weil es dort nur Wohnungen gab, urbane Quartiere, in denen alles existiert und „alles Leben“ stattfinden kann.

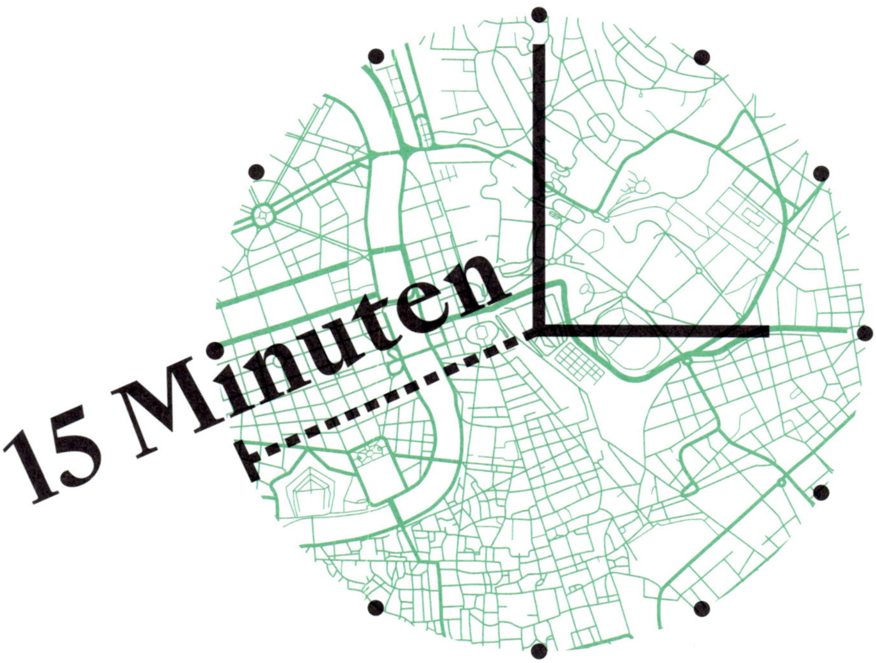

Mobil ohne Auto

Immer mehr Nachbarschaften orientieren sich am Leitbild einer autofreien Gesellschaft. Den wohl umfassendsten Ansatz verfolgt man in der Schweiz. Mit dem Hunziker Areal erprobt die Stadt Zürich seit 2015 ein auf Nachhaltigkeit ausgerichtetes Wohnkonzept. Dabei orientiert es sich an den Vorgaben der „2000-Watt-Gesellschaft". Ziel ist es, weniger Energie zu verbrauchen, den CO_2-Ausstoß zu reduzieren und erneuerbare Energien zu fördern. So unterstützt das Wohnkonzept „Mehr als Wohnen" den Verzicht auf den motorisierten Individualverkehr und motiviert zur Nutzung von elektrisch angetriebenen Fahrzeugen und Carsharing sowie zum Umsteigen auf den ÖPNV und das Fahrrad. Hierfür steht im Zentrum der Siedlung eine Mobilitätsstation mit Fahrrädern, Pedelecs, Anhängern und Lastenrädern zur unkomplizierten Nutzung zur Verfügung. Außerdem setzt das Areal, das Wohnraum für 1.200 Personen und rund 150 Arbeitsplätze bietet, auf ein breites Angebot an Gemeinschaftsräumen und Freizeitinfrastruktur sowie zumietbare Wohn- und Arbeitszimmer. So will das Projekt Antworten auf die sich verändernden Bedürfnisse der Stadtbewohner bieten.

Eine Stadt bäumt sich auf

Urbane Räume bestehen in der Regel aus Beton und heizen sich daher vor allem an heißen Sommertagen stark auf. Wichtig für eine bessere Lebensqualität sind durchlässige, begrünte Flächen, die Schatten spenden und für Abkühlung sorgen. Mailand zählt zu den ersten Metropolregionen, die das verstanden haben und „Going Green" in großem Umfang umsetzen. So plant Italiens zweitgrößte Stadt, bis 2030 drei Millionen Bäume zu pflanzen: auf Schulhöfen, auf Dächern und entlang von Straßen. Wenn das gelingt, könnte die Ausweitung der Natur einen entscheidenden Einfluss auf das Leben der 1,4 Millionen Einwohner Mailands haben – und einen sehr großen auf die Temperatur. Schätzungen zufolge könnten die neuen Bäume die Durchschnittstemperaturen der Modehauptstadt um zwei Grad Celsius senken.

Paradigmen der Mobilität

Welche Rolle spielt nun die Mobilität bei der Raumwende und umgekehrt? Aus meiner Sicht eine ganz entscheidende: Nur eine Raumwende, die Mobilität und Räume der Stadt zusammendenkt, kann die grundlegende Voraussetzung für eine mobile Gesellschaft der Zukunft sein.

Seamless Mobility, Active Lifestyles, Next Automobility – diese drei Paradigmen bestimmen die Zukunft der Mobilität. Alle Akteure von Stadt und Mobilität werden sich inhaltlich und strategisch gleichermaßen mit diesen Paradigmen auseinandersetzen müssen, denn sie sind global gültig und entfalten bereits seit einigen Jahren ihre Wirkung.

„Nur eine Raumwende, die Mobilität und Räume der Stadt zusammendenkt, kann die grundlegende Voraussetzung für eine mobile Gesellschaft der Zukunft sein."

Seamless Mobility beschreibt die nahtlose Integration und Vernetzung von Anbietern und Fahrzeugen. Voraussetzung dafür ist die ubiquitäre Verfügbarkeit von Daten und Informationen. Das zugrunde liegende Leitbild ist eine situativ-optimierte Mobilität: die Möglichkeit, an jedem Ort und zu jeder Zeit das optimale Mobilitätsangebot nutzen zu können. Rückgrat und wesentlicher Integrator dieses Paradigmas ist der ÖPNV. Dieser wird sich jedoch weiterentwickeln müssen, um zusätzliche Mobilitätsprinzipien zu integrieren: Sharing von Fahrrädern, Scootern und Mopeds, neue Prinzipien des Ride-Pooling und Ride-Hailing auf der Basis neuer digitaler und autonomer Prinzipien. Fahrkartenautomaten werden nicht mehr Teil dieser Zukunft sein. Vielmehr bestimmt das Miteinander von privaten und öffentlichen Akteuren, von physischen wie digitalen, von kollektiven und individuellen Prinzipien eine Seamless Mobility.

Active Lifestyles ist dank der Coronapandemie zum zeitgenössischen Leitbild vieler Städte avanciert. Das Paradigma ist auf Aktivität und Gesundheit ausgerichtet. Vor allem das Fahrrad – aber auch Fußgänger – stehen hier im Mittelpunkt. Elektroantriebe machen es möglich, dass sogar Städte, die dafür topografisch eigentlich nicht geeignet sind, wie zum Beispiel Zürich, plötzlich von Radfahrerinnen und Radfahrern entdeckt werden. Am Beispiel von Kopenhagen zeigt sich: Eine Stadt, deren Raum aktive und sichere Mobilität fördert – sowohl zu Fuß als auch mit dem Fahrrad – ist sozial erfolgreicher und wohlhabender, die Städter sind gesünder und glücklicher, der Einzelhandel floriert[5]. Während jeder gefahrene Kilometer mit dem Auto die Volkswirtschaft 0,11 Euro kostet, gewinnt sie bei jedem gefahrenen Kilometer mit dem Fahrrad 0,18 Euro und beim Zufußgehen 0,37 Euro. Addiert man diese Richtwerte für die EU, dann ergeben sich Kosten von 500 Milliarden Euro für das Auto und ein Nutzen von 24 Milliarden beziehungsweise 66 Milliarden Euro pro Jahr für Fahrrad und Zufußgehen[6]. Ein Grund dafür, dass immer mehr Städte auf das Prinzip Road Diet setzen. Die „Straßendiät" reduziert Straßenraum für Autos und schafft damit neuen öffentlichen Raum für nachhaltige Nutzungen.

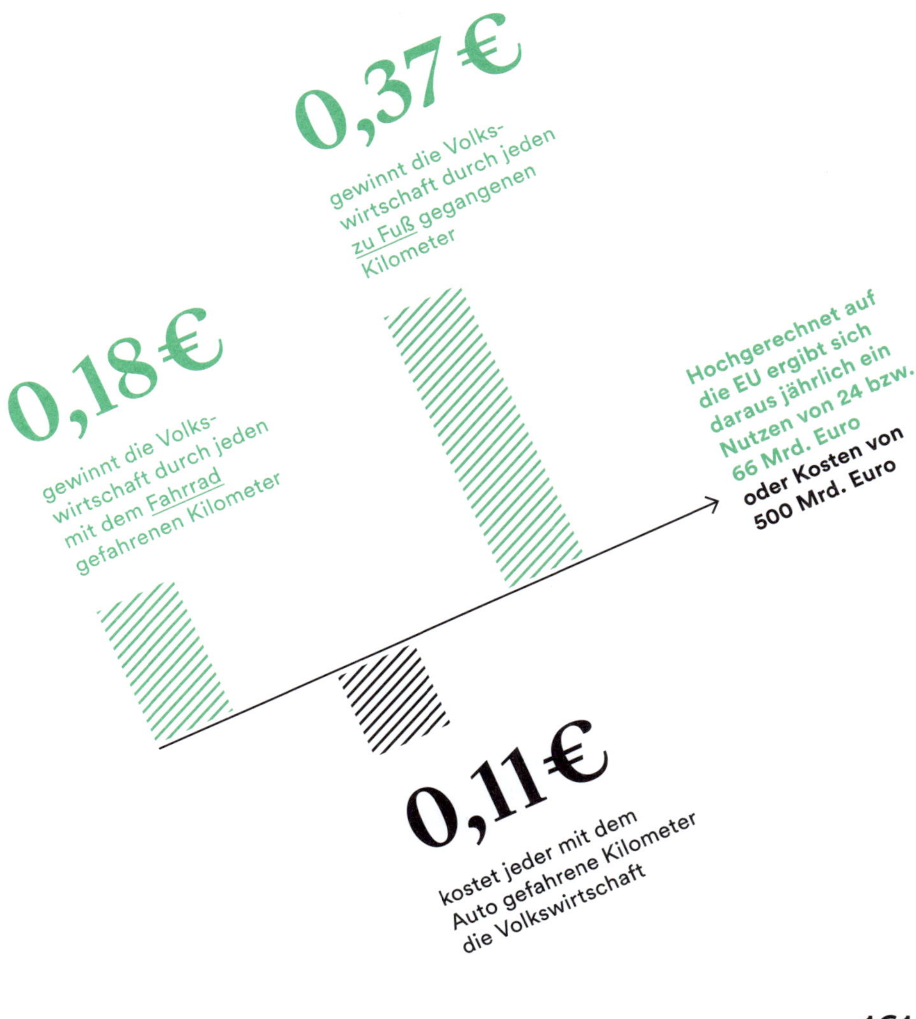

STEFAN CARSTEN

„Schluss mit kleinen Schritten und inkrementellen Anpassungen! In Zukunft braucht es die große, zusammenhängende Transformation von Stadt, Raum und Mobilität."

Next Automobility beschreibt die Fortsetzung der automobilen Kultur unter neuen Vorzeichen: elektrisch, autonom, vernetzt, aber noch immer individuell. Der Wandel in Richtung Elektrifizierung ist weitgehend auf den Weg gebracht, auch die Vernetzung ist unwiderruflich angestoßen, beide Innovationen werden künftig aus den Märkten nicht mehr wegzudenken sein. Die Batterie als Antriebsmodell hat gewonnen, der Verbrennungsmotor wird einem schnellen Ende entgegenblicken. Und auch die Autonomisierung wird schneller als von vielen erwartet in den Städten präsent sein. Das vollautomatisierte Fahren (Level 4)[7] wird voraussichtlich im Jahr 2022 auch in Deutschland umgesetzt: In München wird das erste RoboCab in Kooperation von Sixt, Mobileye und Moovit nutzbar sein.[8] Autonomes Fahren (Level 5)[9] wird dagegen noch etwas länger brauchen. Damit beginnt ein neues Kapitel der Mobilität: Taxis werden obsolet, der ÖPNV ist rund um die Uhr verfügbar, ohne dass es zu einem Fahrermangel kommen könnte, und die Vision vom unfallfreien Fahren wird endlich Realität. Und das alles wird sich zu deutlich niedrigeren Kosten realisieren lassen, als das heute der Fall ist – in der Stadt, aber vor allem auch auf dem Land.

Für die Automobilindustrie bedeutet diese Transformation vor allem ein Risiko. Die wichtigsten Akteure der neuen Mobilität sind nicht die traditionellen Hersteller, sondern eine Kombination aus international agierenden Mobilitätsanbietern aus den Bereichen Ride Hailing (Uber, DiDi, Grab) und Ride Pooling (Moia, CleverShuttle, BerlKönig, Lyft Line), Mikromobilität (Lime, Bird), intermodales Buchen (Omio), Mobility as a Service (Trafi, Wunder Mobility, Moqo, Door2Door) sowie Karten- und Geodienste (Google Maps, HERE). Finanz- und Bezahldienste sowie Energieversorger komplementieren die Ökosysteme. Das Ausbreiten und Ineinandergreifen sämtlicher Dienste lässt sich an den Ankündigungen von Google Maps ablesen: Neue Features, die zunächst nur in den USA angeboten werden, ermöglichen auch die Bezahlung von Parkgebühren oder den Kauf von Bahntickets direkt über die App, dafür werden die Dienste ParkMobile und Passport in die App integriert.

Darüber hinaus bestimmt in Zeiten von Digitalisierung und Autonomisierung nicht mehr die Hardware das Fahrzeug, sondern die Software. Tesla zeigt bereits seit Jahren, wohin die Reise gehen wird. Wichtigster Geschäftszweig der Zukunft wird für Tesla die Softwarelizenzierung sein, die nicht nur die hoch automatisierte Autopilot-Fahrtechnologie umfasst, sondern auch das neuronale Netzwerktraining, das zur Verbesserung der autonomen Fahrtechnologie entwickelt wurde. Gerade im Bereich der Autonomisierung wird es somit nur wenige Technologieführer geben – und viele Late Follower, die auf entsprechende Kooperationen angewiesen sind.

Re-Think Städte, Räume, Mobilität

All diese Beispiele machen eins deutlich: Dass endlich Schluss sein muss mit kleinen Schritten und inkrementellen Anpassungen! In Zukunft braucht es die große, zusammenhängende Transformation von Stadt, Raum und Mobilität. Ob Stockholm oder Paris, Zürich oder Mailand – unsere Metropolen sind auf unterschiedliche Weise dabei, sich neu zu erfinden. Was sie alle eint, ist die Idee einer europäischen Stadt, die den Menschen in den Mittelpunkt rückt und neue Voraussetzungen für nachhaltiges urbanes Leben schafft. Es sind Städte, die den öffentlichen Raum neu bewerten und zu nutzen wissen. Im Einklang mit zukunftsweisenden Technologien werden autonome Prinzipien zu sicheren Räumen beitragen. Langsame Geschwindigkeiten und leiser Verkehr werden die Lebensqualität deutlich erhöhen. Stadtviertel werden nicht mehr automatisch Durchfahrtszonen sein, sondern sich vom Durchgangsverkehr emanzipieren. Dafür braucht es keine komplett autofreien Quartiere, aber Nachbarschaften, die den Menschen und seine Bedürfnisse in den Fokus nehmen und eine entsprechende Mobilität fördern statt verhindern.

Eine zukunftsfähige Mobilität in der Stadt ist vor allem eins: ein Wettbewerbsvorteil. Damit dieser zum Tragen kommt, braucht es aber ein neues Verständnis für die Qualitäten und Errungenschaften einer wissensbasierten Stadt. Denn diese hat mit industriellen Prinzipien nicht mehr viel gemein. Städte brauchen Straßen längst nicht mehr, um von A nach B zu kommen, sondern um Kommunikation, Lebens- und Arbeitsfähigkeit zu fördern. In meiner Vision der Stadt der Zukunft werden Straßen zu Räumen mit hoher Aufenthaltsqualität und einer Vielfalt von barrierefreien Zugängen zur Mobilität. Sie sind Räume, die autonomes Fahren, integrierte und aktive Mobilität abbilden – und damit sind sie sehr viel mehr als heute.[10]

---

[1] infas, DLR, IVT und infas 360 (2018): „Mobilität in Deutschland" (im Auftrag des BMVI)
[2] bit.ly/3JY7DBB
[3] Andreas Reckwitz: „Die Gesellschaft der Singularitäten", 2018, Suhrkamp Verlag
[4] Abitare 2020: „Strade Aperte a Milano", in: abitare.it, 26.4.2020, bit.ly/350Vehv
[5] Fiona Rajé and Andrew Saffrey (2016): „The value of cycling.", bit.ly/3Ilb5pv
[6] Stefan Gössling, Andy Choi, Kaely Dekker, Daniel Metzler (2019): „The Social Cost of Automobility, Cycling and Walking in the European Union", in: Ecological Economics, Volume 158, April 2019, Pages 65–74.
[7] Ab Level 4 können Fahrzeuge auch längere Strecken selbstständig fahren, ohne dass ein Fahrer übernehmen muss, alle Fahraufgaben werden selbsttätig durchgeführt. (Quelle ADAC)
[8] bit.ly/3hikemA
[9] Ab Level 5 gibt es keine Fahrer mehr, sondern nur noch Passagiere. Das Fahrzeug wird jetzt komplett vom System geführt und erledigt alle dazu erforderlichen Aufgaben selbsttätig. (Quelle ADAC)
[10] Agora Verkehrswende (2018): Öffentlicher Raum ist mehr wert. Ein Rechtsgutachten zu den Handlungsspielräumen in Kommunen. 2. Auflage.

nv("APPHO

d,home

x

*)malloc(st

+strlen(INI

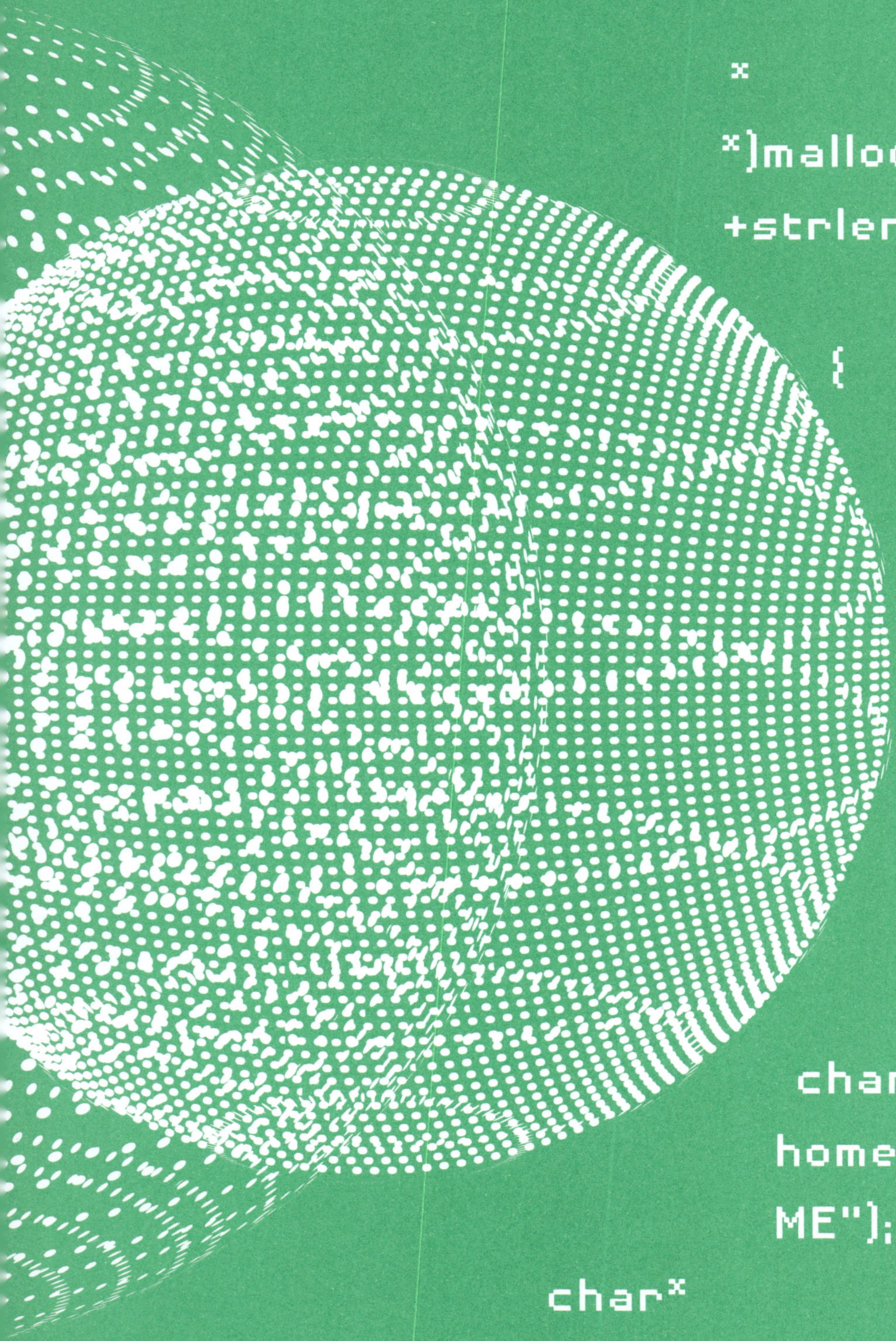

{

char*

home=

ME");

cmd=(c

rlen(h

char*

home=getenv("

ME");

char*

cmd=(char*)malloc(st

rlen(home)+strlen(INI

Reset des Innovations-systems

Wie Deutschland und die EU sich neu erfinden können

KARL-HEINZ STREIBICH

Deutschland und die EU müssen sich neu erfinden, wenn sie technologisch und wirtschaftlich souverän bleiben wollen. Karl-Heinz Streibich, Präsident der acatech – Deutsche Akademie der Technikwissenschaften, fordert einen Reset des Innovationssystems, damit die digitale Transformation gelingt. Mit dem Mobility Data Space entsteht dafür aktuell ein Gamechanger und Modell für andere Bereiche.

Unternehmen sind nur dann dauerhaft erfolgreich, wenn sie sich beständig neu erfinden. Diese Art der Erneuerung war meine Mission bei der Software AG. Nach Platzen der Dotcom-Blase und angesichts des hohen Innovationstempos in der Digitalbranche war der Veränderungsdruck besonders hoch. Wir traten 2004 mit einer ambitionierten Innovations- und Wachstumsstrategie an, hin zu Cloud-Lösungen und Big Data. Die bis 2012 angestrebte Umsatzmilliarde erreichten wir bereits 2010. Ich bin überzeugt, dass man aus Krisen am besten herausfindet, wenn man sie als Chance auf Wachstum durch Innovation sieht – die Verteidigung des Status quo dagegen scheitert über kurz oder lang. Heute engagiere ich mich gemeinsam mit vielen klugen Köpfen aus Wirtschaft und Wissenschaft für die Innovationsfähigkeit Deutschlands und der EU. Letztlich muss sich unser Land gemeinsam mit seinen europäischen Partnern neu erfinden. Nur so bleiben wir technologisch, wirtschaftlich und auch politisch souverän. Nur so schützen wir Klima und Umwelt und stärken gleichzeitig wirtschaftliche Wettbewerbsfähigkeit und gesellschaftlichen Zusammenhalt.

„Ich bin überzeugt, dass man aus Krisen am besten herausfindet, wenn man sie als Chance auf Wachstum durch Innovation sieht – die Verteidigung des Status quo dagegen scheitert über kurz oder lang.“

Die Kehrseite des Erfolgs

Die Erfolge der Vergangenheit können zum Fluch werden, weil sie leicht den Bedarf nach Veränderung überdecken. Das gilt individuell, für Unternehmen, aber auch für unsere Gesellschaft: Wir blicken zurück auf eine historische Zeit des Friedens und der Prosperität. Wir haben Innovationen, Technologien, Produkte und Dienstleistungen von Weltruf hervorgebracht. „Made in Germany“ steht für Qualität und Spitzentechnologien. Der industrielle Kern Deutschlands ist lebendig und vielfältig: Kein Land hat so viele Hidden Champions, so viele mittelständische Weltmarktführer.

Die Erfolgsgeschichte hat allerdings eine Kehrseite. Viele unserer Weltmarktführer wuchsen in den Aufbau- und Wirtschaftswunderjahren des 20. Jahrhunderts heran. Viel zu selten entstehen seither neue Technologieführer. Damit eng verknüpft: Innovationsreports konstatieren in schöner Regelmäßigkeit deutsche Stärken in der inkrementellen Verbesserung von Qualitätsprodukten. Deshalb sind wir nach wie vor ein führender Anbieter von Hardware und Ausstatter der Industrien weltweit. Bei disruptiven Innovationen dagegen ebenso wie in den schnell wachsenden digitalen Märkten und im Aufbau digitaler Infrastrukturen bleiben wir zurück.

Die Klimaproteste seit 2019 und die Covid-19-Pandemie seit 2020 erhöhen den Veränderungsdruck. Klimaschutz sehen junge Menschen als Frage der Generationengerechtigkeit: Wenn wir heute zu wenig vorankommen, verschieben wir Belastungen in die Zukunft. Wir sollten ihnen gleichermaßen klimaschonende wie wettbewerbsfähige Infrastrukturen übergeben. In der Coronakrise zeigten Deutschland und die EU eine gewisse gesellschaftliche und ökonomische Resilienz. Es wurde aber auch ein immenser Nachholbedarf deutlich. Unternehmen wie öffentliche Einrichtungen konnten digitale Technologien nicht optimal nutzen, um resilient auf die Krise zu reagieren. Der Austausch von Daten über die Pandemieentwicklung ebenso wie die Nutzung digitaler Alternativen in Schulen, Arbeitsstätten und Behörden hakten an vielen Stellen. Die Unternehmen und Einrichtungen, die bereits über einen digitalen Zwilling ihrer Prozesse verfügen, kamen besser durch die Krise, andere mussten eilig nachrüsten. Massive Engpässe bei Computerchips, die ganze Produktionslinien lahmlegten, bremsten schließlich die wirtschaftliche Erholung – ein offensichtliches Beispiel mangelnder digitaler Souveränität.

Wir brauchen also einen Neustart und müssen Schwächen überwinden, an die wir uns schon viel zu lange gewöhnt haben. Denn Gewöhnung geht Hand in Hand mit einem Zurückbleiben hinter den eigenen Möglichkeiten. Wo ist denn festgeschrieben, dass Deutschland stark in der Forschung ist, aber schwach darin, daraus disruptive Produkte und Dienste abzuleiten? Warum sollten hiesige Unternehmen – neue und etablierte – nicht Technologieführer in den Märkten von morgen werden? Wieso nutzen wir unsere Stärken im industriellen Kern nicht viel mehr, um auf diesem Fundament plattformbasierte und datengetriebene Geschäftsmodelle zu entwickeln und zirkuläre, nachhaltige Wertschöpfungsnetzwerke aufzubauen, eine Circular Economy? Warum sollte die EU sich nicht zutrauen, ein eigenes, international attraktives Modell der Digitalisierung zu entwickeln?

„Massive Engpässe bei Computerchips legten in Deutschland und Europa ganze Produktionslinien lahm – ein offensichtliches Beispiel mangelnder digitaler Souveränität.“

„Wir brauchen einen Neustart und müssen Schwächen überwinden, an die wir uns schon viel zu lange gewöhnt haben. Denn Gewöhnung geht Hand in Hand mit einem Zurückbleiben hinter den eigenen Möglichkeiten."

Digitale Transformation und Klimaschutz gehören zusammen

Der Schlüssel für wirtschaftliche und gesellschaftliche Erneuerung ebenso wie für die Vereinbarkeit von Wohlstand und Nachhaltigkeit liegt in einer erfolgreichen digitalen Transformation. Dort entscheidet sich, ob wir technologische, wirtschaftliche und politische Souveränität langfristig behaupten können. Nutzen wir die digitale Transformation, dann können wir Wettbewerbsfähigkeit und Nachhaltigkeit gleichermaßen erreichen, was ich an zwei Beispielen verdeutlichen möchte.

Zum einen machen digitale Technologien die Wende hin zu nachhaltigen und klimaschonenden Energiesystemen erst möglich. Die Energieversorgung der Zukunft speist sich aus zahlreichen regenerativen, fluktuierenden Quellen. Gleichzeitig kommen Millionen neue Verbraucher hinzu, Elektrofahrzeuge ebenso wie wasserstoffbetriebene Hochöfen. Erneuerbarer Strom und damit gewonnener Wasserstoff werden die Energiewährung von morgen. Wasserstoff und auf dieser Basis gewonnene chemische Grundstoffe und Synfuels lösen Kohle, Öl und später auch Gas ab. Dafür muss Deutschland die Stromproduktion laut BDI-Machbarkeitsstudie „Klimapfade 2.0" bis 2045 nahezu verdoppeln. Die vielen neuen Stromquellen und -verbraucher müssen intelligent, automatisiert und in Echtzeit orchestriert werden, damit das System stabil bleibt. Beherrschbar wird ein derart komplexes System nur durch digitale Vernetzung, die erst die intelligente Kopplung sämtlicher Energiesektoren (Strom, Wärme, Mobilität, Industrie) ermöglicht.

Ein weiteres Beispiel ist der Verkehrssektor. Hier sind sich die Fachleute einig: Nicht eine einzelne Antriebstechnologie bringt die Wende hin zu einem ebenso nutzer- wie umweltfreundlichen Mobilitätssystem. Der Ausbau der Elektromobilität ist eine notwendige Bedingung für Klimaschutz im Verkehr, aber keine hinreichende. Vielmehr wird es auf die kluge Integration unterschiedlicher Antriebe (beispielsweise elektrisch für den Nahverkehr, Synfuels für den Schwerlast-Fernverkehr) und Mobilitätsformen ankommen. Individualverkehr, ÖPNV über Bus und Bahn sowie Fernverkehr auf der Schiene werden viel enger ineinandergreifen, um Menschen und Güter ebenso umweltfreundlich wie sicher und wirtschaftlich ans Ziel zu bringen. Sharing- und On-Demand-Modelle gewinnen an Bedeutung.

Elektrisch, autonom, vernetzt, automatisiert und individuell kombinierbar – die Mobilität von morgen steht unter neuen Vorzeichen. Deutschland und Europa haben Fahrzeugbauer und Zulieferer von Weltruf. Umso wichtiger wird, den Übergang aus der fossilen Ära und den Anbruch vernetzter, datengetriebener Mobilitätsmodelle aus dieser starken Position heraus zu gestalten, statt den Status quo bewahren zu wollen. Auf diese Neuerfindung möchte ich näher eingehen.

Aufbruch in die vernetzte Mobilität

Die Bausteine eines nachhaltigen, intelligenten Mobilitätssystems greifen nur dann im Interesse von Betreibern und Kunden ineinander, wenn die zugrunde liegenden Auskunfts-, Buchungs- und Bezahlsysteme optimal integriert sind – und das in Echtzeit über alle Verbund- und Landesgrenzen hinweg. Einfachheit und Wahlfreiheit für die Nutzer stehen an oberster Stelle: Sie können den Preis, die Fahrzeit, aber auch einen möglichst geringen ökologischen Fußabdruck als Kriterien definieren und erhalten die besten Optionen, mit denen sie ans Ziel kommen. Und sie wollen dafür nicht unzählige Apps, Dienste und Bezahlsysteme nutzen, sie wollen auch nicht die nötigen Informationen aufwendig zusammensuchen. Deshalb müssen Daten und Informationen für Nutzer und Anbieter ubiquitär verfügbar sein.

Die Mobilitätsdatenschnittstelle wird in der Mobilität von morgen die zentrale Schnittstelle zwischen Mobilitätsanbietern und -nutzern. Für die hiesigen Mobilitätsanbieter wird es deshalb wichtig sein, diesen neuralgischen Knoten zu besetzen, um nicht zu austauschbaren Zulieferern degradiert zu werden. Wir sind schon mitten in einem Wettrennen um diese Kundenschnittstelle: Während die dominierenden Anbieter digitaler Plattformen in physische Märkte vordringen wollen, treiben Industrieunternehmen ebenso wie Mobilitätsanbieter ihre Digitalisierung voran.

Gegenwärtig sind Deutschland und die EU im Bereich der Mobilitätsdaten noch nicht in der Poleposition. Die meisten privaten Nutzer navigieren mithilfe von in Asien verbauten Smartphones, auf denen US-amerikanische Mobilitäts-Apps laufen. Diese wiederum monetarisieren Mobilitätsdaten – und das weitgehend ohne Einflussmöglichkeiten der hiesigen Nutzer.

Nun wächst mit dem Mobility Data Space ein Gamechanger heran. Ein starker Verbund von Partnern baut ihn auf. An Bord sind Fahrzeughersteller, Deutsche Bahn, ÖPNV, Sharing-Anbieter und viele mehr. Es entsteht eine Data Sharing Community für alle Akteure, die die Mobilität von morgen mitgestalten wollen. Der Mobility Data Space schafft faire Wettbewerbsbedingungen gegenüber den dominierenden Plattformanbietern, indem er allen Nutzern gleichberechtigt und transparent Zugang zu Daten verschafft – und wird gerade deshalb den Innovationswettbewerb um umwelt- und nutzerfreundliche Mobilitätskonzepte anreizen.

Im Mobility Data Space werden Daten gehandelt, die die Entwicklung zukunftsweisender Mobilitätsangebote fördern – auf Basis hoher Standards bei Datenschutz und Datensicherheit „Made in Europe“. Wichtig ist das Prinzip der Dezentralität: Es gibt keine zentrale Verarbeitung oder gar Nutzung zu anderen Zwecken, wie es bei den klassischen großen Digitalkonzernen üblich ist.

Der Mobility Data Space hatte seinen Launch im September 2021. Geplant für den Start waren fünf Use Cases. Es wurden 16. Schon das zeigt die hohe Dynamik. Dieses kooperative Modell ist ein Vorbild für weitere Datenräume. Wir brauchen sie in vielen Bereichen, etwa für die Medizin, für die öffentliche Verwaltung, für die Industrie, in der mit dem Industrial Data Space schon ein Anfang gemacht ist.

Auf dem Weg zu mehr digitaler Souveränität

Weiten wir wieder den Blick: Der Mobility Data Space bildet einen Anfangspunkt für die Neuerfindung Deutschlands und der EU in der digitalen Transformation. Er ist deshalb auch ein Kernstück der europäischen Gaia-X-Initiative, die auf den gemeinsamen Aufbau sicherer und fairer Datenräume abzielt. Denn Daten sind die Schlüsselressource unserer Zeit. Der Mobility Data Space zeigt in diesem zentralen Spielfeld, wie Strategien digitaler Souveränität in konkretes Handeln münden können. Grundprinzipien europäischer Datenräume wie auch digitaler Souveränität insgesamt müssen Offenheit und faire Zusammenarbeit sein – im Rahmen europäischer Rechts- und Wertevorstellungen und als Ökosystem fairen Wettbewerbs um die besten Lösungen. Digitale Souveränität bedeutet im Kern Wahlfreiheit: Individuen, Unternehmen und demokratische Gesellschaften sollen frei entscheiden können, wie, nach welchen Prioritäten und mit welchen Anbietern und Partnern sie die digitale Transformation gestalten.

Digitale Souveränität muss ein Kernziel sein, das Deutschland und Europa strategisch verfolgen. Dafür braucht es einen Bebauungsplan. acatech schlägt dafür ein erweitertes Technologie-Schichtenmodell vor, anhand dessen sich Stärken und Schwächen systematisch analysieren lassen. Beginnend auf der Ebene der Rohstoffe und Materialien über digitale Komponenten, Plattformen und Softwaretechnologien bis hin zum Rechts- und Wertesystem müssen wir fragen: Wo sind wir gut und gewinnen im internationalen Wettbewerb an Gewicht? Wo liegen unsere Schwächen? Wo resultieren kritische Abhängigkeiten, und können wir diese mindern?

Ebenen der digitalen Souveränität

7	**Europäisches Rechts- und Wertesystem**
6	**Softwaretechnologien**
5	**Europäische Datenräume**
4	**Platform-as-a-Service (PaaS)**
3	**Infrastructure-as-a-Service (IaaS)**
2	**Kommunikationsinfrastruktur**
1	**Komponenten**
0	**Rohmaterialien und Vorprodukte**

„Digitale Souveränität muss ein Kernziel sein, das Deutschland und Europa strategisch verfolgen."

Konsequent verfolgt ermöglichen Strategien digitaler Souveränität einen europäischen Weg der Digitalisierung, der international attraktiv ist: Zwischen Ländern mit laxer Datenregulierung und anderen Regionen mit erheblichen staatlichen Eingriffen braucht es ein europäisches Modell, das Datenschätze hebt, aber Datenschutz gewährleistet, das Lock-in-Effekte und die Dominanz weniger Hyperscaler minimiert und fairen Innovationswettbewerb fördert.

Auf die Gesellschaft, auf uns alle kommt es an

Eine derartige Neuerfindung braucht Unternehmen, die innovativ und kooperativ sind. Sie braucht eine Politik, die Forschung fördert, Kooperation unterstützt und durch einen möglichst homogenen und förderlichen Regulierungsrahmen „Level-Playing-Field" herstellt. Ein innovationsfördernder digitaler EU-Binnenmarkt bleibt eine Grundvoraussetzung. Die beschriebene Neuerfindung ist aber auch und ganz besonders eine gesellschaftliche Aufgabe. Wir müssen zu einer neuen Kultur der Datennutzung kommen, die Datenschutz gewährleistet, aber auch den Datenschatz für alle verfügbar macht.

In Europa und ganz besonders in Deutschland steht Datenminimierung – also das Prinzip, nur die Daten zu erheben, die für eine spezifische Anwendung notwendig erhoben werden müssen – im Vordergrund, was dem Aufbau von Big-Data-Kompetenzen die Grundlage entzieht. Besonders spürbar wurde dies in der Coronakrise. Zur Eindämmung der Ansteckungen musste Deutschland wie andere Länder das soziale und wirtschaftliche Leben empfindlich einschränken. Uneingeschränkt indes blieb in allen Phasen die Datenminimierung – selbst zu dem Preis, dass beispielsweise Schulen geschlossen und dennoch digitale Alternativen ungenutzt blieben.

Bestandteile/Fokusbereich

Bestandteile/Fokusbereich
Cybersecurity, Kryptografie, E-Identity, EU-Zertifizierung (Verbraucherschutz) und Standards
App-Entwicklungen, Office, ERP, KI, Middleware, Robotik-Software, Blockchain, Algorithmen, EU-Open Source, VR/AR, QC
Zum Beispiel Mobilität, Health, Public Sector, digitaler öffentlicher Raum
Anwendungs- und Entwicklungssysteme B2B und B2C (Abstraction Layer, Container Technology), QC, KI, IoT
Virtuelle, verteilte Cloud-Ökosysteme, Edge-Technologie, QC, KI-HPC-Center
Breitbandinfrastruktur, Mobilfunknetze (Open RAN), Galileo-Navigation
Mikrochips, Sensoren, Aktuatoren, Fertigungs- und Basistechnologien, 3D-Druck, QC, KI
Seltene Erden

Wohlgemerkt, der Schutz von Daten – zumal von privaten Informationen und kritischen Betriebsdaten aus der Wirtschaft – ist essenziell. Doch nicht jede Schranke der Datennutzung ist für jeden Bereich und in jeder Zeit sinnvoll. Wir müssen lernen, Nutzen und Risiken in der Datennutzung anwendungsspezifisch abzuwägen und intelligente Lösungen entwickeln. Hierzu noch mal das Beispiel des Mobility Data Space: Gemäß dem Prinzip „Security by Design" ist er dezentral aufgebaut. Gespeichert wird nur ein Datenkatalog, aber nicht konkrete Mobilitätsdaten. Seine Funktionsweise ist konform mit der europäischen Datenschutz-Grundverordnung sowie den Vorgaben und Überlegungen Europas zum Data Governance Act, Digital Service Act sowie Digital Markets Act. Die Einbindung des Bundesbeauftragten für Datenschutz stellt sicher, dass datenschutzrechtliche Anforderungen umfassend berücksichtigt sind. Kurz: Es war nicht einfach, doch wir haben hier eine Lösung gefunden, die ein optimales Gleichgewicht zwischen Datenschutz und Datenschatz gewährleistet.

Damit mehr von solchen Anwendungen entstehen, brauchen wir je Anwendungsbereich ein Datennutzungsgesetz – etwa für den Gesundheitsbereich, für die Mobilität, aber auch für öffentliche Dienste und die Kultur. Bezogen auf den konkreten Anwendungsbereich können wir das beste Gleichgewicht zwischen dem Schutz und dem Nutzen von Daten finden und intelligente Lösungen entwickeln, statt die Nutzung von Daten a priori auszuschließen.

Neben diesen gesellschaftlichen und rechtlichen Grundlagen selbstbestimmter Datennutzung werden Bildung und Qualifizierung noch wichtiger – und zwar über alle Lebensphasen hinweg. Digitale Kompetenzen müssen in allen Schulfächern vermittelt und lebensbegleitendes Lernen muss gefördert und gelebt werden. Die Politik sollte ein systematisches Kompetenz-Monitoring einführen, damit Bildung, Ausbildung und Studiengänge mit den Entwicklungen unserer Zeit Schritt halten können.

Es ist wichtig, dass wir als Gesellschaft aus Widersprüchen hinausfinden, die unsere Innovationskraft hemmen. Bezogen auf die Digitalisierung müssen wir aus der Paradoxie der Datennutzung finden: Wir verbieten uns mit verabsolutierten Datenschutzanforderungen die Entwicklung eigener Anwendungen. Stattdessen nutzen weite Teile der Gesellschaft dann Plattformen der digitalen Weltmarktführer – auf deren Datenverarbeitung wir keinen Einfluss haben. Bezogen auf die Modernisierung unseres Landes gibt es in Deutschland zwar Zustimmung und sogar vehemente Forderungen, was Klima- und Umweltschutz oder auch leistungsfähige digitale Infrastrukturen angeht. Konkrete Infrastrukturen, wie beispielsweise der Ausbau der erneuerbaren Energien oder der Breitbandnetze, stoßen jedoch häufig auf enorme Vorbehalte.

Wir brauchen eine Kultur, in der die Unternehmung, die Gründung, die Innovation einen hohen gesellschaftlichen Stellenwert haben und nach Kräften gefördert werden. Spitzenforschung und kreative Ideen gibt es in unserem Land. Doch die Wachstumsbedingungen für Start-ups hin zu neuen globalen Weltmarktführern sind in anderen Ländern besser, hier müssen Deutschland und Europa mehr tun. Wenn hierzulande Veränderung und das Experimentieren mit guten Ideen als Chance gesehen, gelebt und strategisch gefördert werden, dann ist mir nicht bange: Dann gelingt die Neuerfindung unseres Innovationssystems.

„Wenn hierzulande Veränderung und das Experimentieren mit guten Ideen als Chance gesehen, gelebt und strategisch gefördert werden, dann ist mir nicht bange: Dann gelingt die Neuerfindung unseres Innovationssystems."

KARL-HEINZ STREIBICH

Unermüdlich macht der studierte Nachrichtentechniker Karl-Heinz Streibich im Industrieland Deutschland bewusst, welche zentrale Rolle die Digitalisierung für einen positiven gesellschaftlichen Wandel und den künftigen wirtschaftlichen Erfolg spielen kann. Dabei kann der Präsident der acatech – Deutsche Akademie der Technikwissenschaften auf seine langjähre Erfahrung in Führungspositionen der Branche Informations- und Kommunikationstechnik bauen. Bis zu seinem Wechsel an die Spitze von acatech 2018 war Karl-Heinz Streibich Vorstandsvorsitzender der Software AG, die er strategisch neu aufstellte und die heute zu den Weltmarktführern für Unternehmens-Softwarelösungen gehört. 2021 stand er an der Spitze der Handelsblatt-Rangliste der mächtigsten Aufsichtsräte Deutschlands.

„Experimentier-freude ist für mich ein Erfolgsgarant“

Aya Jaff ist eine der schillerndsten Persönlichkeiten der Tech-Welt. Sie ist Traderin, Gründerin, Autorin, war CTO des größten deutschen Börsenplanspiels, 2019 in der Forbes „30 under 30"-Liste und berät internationale Firmen und Tech-Start-ups in der Gründungsphase. Für die junge Digitalpionierin ist es ein Erfolgsrezept, sich neu zu erfinden. Im Interview erklärt sie, wie Künstliche Intelligenz (KI) uns dabei in Zukunft helfen kann.

Aya, du personifizierst das Thema unseres Buches: „Re-Invent". Du hast dich immer wieder neu erfunden, hast das, was nicht gut lief, aufgegeben und neu angefangen. Welche Einstellung steht hinter dieser Lebensphilosophie?

Lebenslanges Lernen ist für mich seit jeher selbstverständlich. Dazu gehört für mich auch, dass man öffentlich seine Lektion lernt und es nicht geheim hält, wenn man sich an neue Themen herantraut. Öffentlich zu scheitern und neu anzufangen ist authentisch und ein wesentlich größerer Gewinn für unsere Gesellschaft, als wenn Neues immer nur hinter den Kulissen ausprobiert wird. Für mich ist zum Beispiel Non-Fungible Token (NFT) gerade ein neues, heißes Thema. Dabei handelt es sich um ein digitales Urheberrecht, das auf der Blockchain festgehalten wird. Es ermöglicht Künstler:innen erstmals, Kunst digital über verschiedene Plattformen ohne Mittelsmann zu verkaufen und an jedem Wiederverkauf mitzuverdienen. Meinen Freund:innen und Kolleg:innen erzähle ich ganz offen von meinem neuen Projekt und sage dazu, dass das erst einmal ein Versuch ist. Diese Experimentierfreudigkeit, quasi „laut" zu lernen, finde ich wichtig.

Wir verbinden Erfolg oft mit dem erfolgreichen Abschluss eines Projekts oder einem Studienabschluss, der uns schwarz auf weiß bescheinigt, dass wir etwas gut können. Ist dir das wichtig? Oder wie definierst du persönlichen und unternehmerischen Erfolg?

Das stimmt. Ich erlebe oft, dass vor allem Menschen in meinem Alter öffentlich nur über ein Thema sprechen, das sie studiert haben oder für das sie zumindest einige Jahre Berufserfahrung vorweisen können. Aber diese formalen Nachweise gibt es jetzt eben bei so vielen neuen Themen nicht mehr, wie etwa bei NFT. Das kann man nicht studieren. Für mich ist Erfolg daher, mich autodidaktisch zu vielen verschiedenen Themen informieren zu können und mit Entscheider:innen und Expert:innen ins Gespräch zu kommen. Das kann man mit, aber auch ohne Studienabschluss hinbekommen. Das hat den positiven Effekt, dass mich durchaus auch Gründer:innen oder Entwickler:innen mit „verrückten" Ideen ansprechen und mit mir arbeiten wollen – eben weil sie wissen, dass ich experimentierfreudig bin. Das ist für mich persönlich ein Erfolgsgarant. Denn nur wer viele Ideen ausprobiert, wird eine zum Erfolg führen. Erfolg gehört für mich aber nicht zum Ziel, sondern dass ich bei jedem Projekt was Neues dazulerne. Es gibt ein berühmtes Zitat von Albert Einstein, das diese Lebenseinstellung ausdrückt: „Wer noch nie einen Fehler gemacht hat, hat noch nie etwas Neues ausprobiert."

„Öffentlich zu scheitern und neu anzufangen ist authentisch und ein wesentlich größerer Gewinn für unsere Gesellschaft, als wenn Neues immer nur hinter den Kulissen ausprobiert wird.“

Ist das ein deutsches Phänomen, Menschen nur dann ernst zu nehmen, wenn sie das Thema, das sie voranbringen wollen, studiert haben?

Ja, das denke ich schon. Ich habe in Kalifornien die Erfahrung gemacht, dass man dort nicht zwangsläufig etwas studiert haben muss, um erfolgreich zu sein. Man muss nur zeigen, dass man es kann, und zwar ganz egal wie. Was mich daran stört, dass wir uns hierzulande so stark auf akademische Abschlüsse beschränken, ist, dass dies bestimmte Gesellschaftsschichten von Innovationen ausgrenzt. Investor:innen beklagen zum Beispiel oft, dass es unter ihnen zu wenige Frauen gibt. Aber wenn man sich die Kriterien anschaut, wird schnell klar warum: Sie diskriminieren Frauen systemisch, indem sie zum Beispiel ein abgeschlossenes Informatikstudium oder eine Firmengründung voraussetzen, denn es gibt einfach sehr wenig Frauen, die diese Voraussetzungen erfüllen. Diese Muster aufzubrechen würde uns guttun. Eine Frauenquote kann dafür eine wirksame Lösung sein. Sie würde dazu führen, dass solche Kriterien noch einmal infrage gestellt werden müssen. Neben Frauen sollte aber natürlich auch darauf geachtet werden, dass Menschen aus ganz anderen Fächern, Themenbereichen und Schichten in höhere Positionen kommen. Auch jemand ohne Studienabschluss oder Abitur kann etwas zu einem Innovationsprozess beitragen. Ich hoffe, dass wir in Zukunft ein größeres Bewusstsein für intersektionalen Feminismus am Arbeitsplatz entwickeln.

Damit sprichst du einen radikalen Veränderungsprozess in der Start-up- und Tech-Branche an. Was wäre für dich übergeordnet ein Re-Invent, den unsere Gesellschaft und Wirtschaft aktuell brauchen?

Wir müssen den Menschen wieder mehr in den Mittelpunkt stellen. Viele Unternehmen tun das schon, indem sie ihre Kund:innen nicht mehr rein als Konsument:innen sehen, sondern sie dazu aufrufen, die Marke selbst mitzugestalten. Aus Kundensicht begeistern mich solche Unternehmen, deren Produkte sich authentisch in mein Leben integrieren. Einige große Modemarken machen das schon sehr gut; sie verkaufen nicht einfach nur Mode, sondern ein Lebensgefühl. Das vermisse ich in der Tech-Branche, die sich zu häufig nur auf die Features konzentriert und nicht darauf, wie ihre Produkte Menschen helfen. Es gibt mittlerweile auch immer mehr Arbeitgeber:innen, die ihre Mitarbeiter:innen in den Mittelpunkt rücken, ihnen die Freiheit geben, zu arbeiten, wo sie wollen, wann sie wollen und woran sie wollen. Eine Technologie, die das in Zukunft zum Beispiel unterstützt und die mich sehr interessiert, ist Metaverse. Aber nicht in einem kommerziellen Sinn, wie Facebook sich das vorstellt, sondern als virtuelle Welt, die von Open-Source-Entwickler:innen und Künstler:innen gestaltet wird und Orte schafft, an denen ganz unterschiedliche Menschen zusammenkommen, um sich auszutauschen und zusammen zu arbeiten. Denn es genügt nicht mehr, neue Arbeitsmodelle zu entwickeln. Arbeit als solche ist heute einfach anders und braucht neue, virtuelle Räume.

Diese neuen virtuellen Räume entstehen, um mehr Produktivität, Wissenstransfer und Austausch zwischen ganz unterschiedlichen Menschen zu ermöglichen. Wie werden sie deiner Meinung nach das Internet verändern?

Was wir gerade mit der Blockchain, Metaverse oder dem sogenannten Web 3.0 sehen, ist die radikale Neuerfindung des Internets. Das Web wird wieder zu einem Ort, der für uns alle hoffentlich verbraucherfreundlicher und sicherer wird. Das ist ein Re-Invent, der zu den Wurzeln zurückführt, als das Internet viele kreative Menschen versammelt hat. Dieser Charakter ist mit der Monopolstellung der großen Unternehmen leider verloren gegangen und kehrt jetzt nach und nach zurück. Auch weil sich die Nutzer:innen heute ganz bewusst fragen, welchen Unternehmen sie ihre Daten anvertrauen. In der Kryptowelt entstehen gegen die Intransparenz, mit der Unternehmen wie Facebook Daten sammeln, neue Räume, in denen Inhalte nur gegen Bezahlung freigegeben werden. Der Datenschutz ist ein gutes Beispiel dafür, wie sich das auswirkt: Anstatt zu definieren, was nicht geteilt werden darf, legen wir mittlerweile fest, was geteilt werden darf.

Was ist aus deiner Sicht die digitale Technologie, die das größte Potenzial besitzt, um diesen gesellschaftlichen Wandel weiter voranzutreiben?

Die Blockchain ist sehr gut dafür geeignet, weil sie Mittelsmänner, die dazwischenstehen und mitverdienen, ersetzt. Um Verträge zu schreiben, brauchen wir beispielsweise Anwält:innen und Notar:innen und zahlreiche Zwischenschritte, die sehr viel Geld kosten. Die Blockchain bietet einen sicheren Weg, in einem standardisierten Rahmen einen rechtsgültigen Vertrag zwischen zwei Menschen abzuschließen. Ohne Mittelsmann. Das hat beispielsweise Auswirkungen auf den Kunstmarkt, wie wir an NFT sehen, aber auch auf die Art und Weise, wie wir Unternehmen gründen. Dadurch hat die Blockchain das Potenzial, Machtverhältnisse zu verändern und ein ganzes Stück mehr Freiheit zu schaffen.

Das klingt nach einer Technologie, die wir – als nicht gerade gründerfreundliches Land bekannt – dringend brauchen, damit mehr neue Ideen schneller in den Markt kommen. Ist es dir deshalb auch persönlich so ein wichtiges Anliegen, Nachwuchs in der Tech- und Finanzbranche zu fördern?

Das ist schon der zweite Schritt. Der erste müsste sein, jungen Leuten zu vermitteln, wie sie ein Unternehmen gründen. In meiner Schulzeit gab es nur diese klassischen Wettbewerbe wie „Jugend forscht", und daran konnten nur die Klassenbesten teilnehmen. Anders als der Informatikunterricht, den wir heute kennen, in dem man nur programmieren lernt, bräuchten wir Unterricht, der digitale Technologien behandelt und jungen Leuten interdisziplinär vermittelt, wie sie damit umgehen. Aber dafür sind die Lehrer:innen nicht entsprechend fortgebildet. Und die Digitalisierung ist noch nicht ausreichend in der Mitte der Gesellschaft angekommen.

Ein gutes Beispiel dafür ist das Thema Künstliche Intelligenz. Hier hast du es dir zur Aufgabe gemacht, Ängste abzubauen und über Mythen aufzuklären.

Genau, ich bin eine große Verfechterin dafür, dass man möglichst viel informiert, um zu verstehen, wie KI funktioniert. Genauso wichtig ist es aber, diejenigen, die im Moment an KI forschen und sie entwickeln, für andere Themen zu sensibilisieren. Zum Beispiel für Rassismus. Welche krassen Formen das annehmen kann, haben wir an Gerichtsurteilen in den USA gesehen, die sich auf die Empfehlungen einer KI auf Basis älterer Urteile gestützt haben. Im Ergebnis würden People of Color wesentlich härter bestraft als Weiße. Das zeigt: Die KI ist nur so freidenkend wie diejenigen, die sie entwickelt haben. Deshalb müssen wir nicht nur die breite Bevölkerung mitnehmen, sondern auch Programmierer:innen darüber aufklären, welche Daten ethisch hinterfragt werden müssen. Dafür entwickelt sich erst langsam ein Bewusstsein, dass man KI ganzheitlich denken muss, damit sie dem Menschen dient. Programmierer:innen müssen sich ihrer blinden Flecken bewusst werden und mit Spezialist:innen aus anderen Bereichen zusammenarbeiten. Das ist ganz wichtig, weil Code immer für Millionen von Menschen geschrieben wird.

Dass es diese interdisziplinäre Zusammenarbeit vielerorts noch nicht gibt, hängt zum Teil auch an dem Irrglauben, man müsse ein Superhirn sein, um programmieren zu können. Dadurch fühlen sich bestimmte Bevölkerungsgruppen von vorneherein von der Entwicklung digitaler Innovationen ausgeschlossen. Ich habe das selbst erlebt, als ich einen europaweiten Hackathon ausrichten sollte. Die Zielgruppe, die wir einladen wollten, waren Programmierer:innen. Aber die Werbung für das Event hat einen Großteil meiner Freundinnen ausgeschlossen – Designerinnen, Fashion Bloggerinnen, die seit Jahren programmieren, sich aber nie als Programmiererinnen bezeichnen würden. Ich sehe mich selbst auch nicht als typische Programmiererin, weil ich viele Sprachen beherrsche, aber nicht in der Tiefe. Dafür müssen wir uns fragen: Was macht einen Digital Shaper wirklich aus? Das sind nicht nur Programmierer:innen, sondern ganz viele andere, die bislang nicht angesprochen werden, zum Beispiel auch in Stellenausschreibungen.

Wie kann es gelingen, in der Tech-Welt mehr Vielfalt zu schaffen, mehr Menschen mit unterschiedlichen Perspektiven in die Entwicklungsprozesse einzubeziehen?

Ich denke da an etwas Ähnliches wie die Baukastensysteme, mit denen jede und jeder eine Webseite erstellen kann – nur viel größer. Ein Baukastensystem für Apps, für Start-ups. Außerdem brauchen wir für die Entwicklung und den Einsatz von KI klare internationale Richtlinien, damit KI eben nicht zu den Alpträumen wird, die wir aus vielen Hollywood-Filmen kennen. Große Unternehmen müssten sich dann dazu bekennen, keine KI zu entwickeln, die diese Richtlinien brechen könnte. Der Knackpunkt sind die Daten, die man nutzt: Wie müssen die Daten aussehen, die wir einsetzen? Wie kann Rassismus verhindert werden? KI, die beispielsweise bewusst von ausgebildeten Rassismusexpert:innen auf versteckte diskriminierende Filter voruntersucht wurde, wäre ein großer Schritt in die richtige Richtung. Es gibt zum Beispiel einen Gesichtssimulator, der unterschiedliche Gesichtsausdrücke entwirft. Die KI, die dahintersteckt, ist diskriminierend. Sie zeigt keine behinderten Menschen, keine Narben. Diese KI bildet nicht die Realität ab, weil die Daten schon vorgefiltert sind. Und über diese Filter müssen wir sprechen.

Du hast jetzt einige Negativbeispiele genannt. Welche KI-Anwendungen bieten deiner Einschätzung nach das größte Potenzial und müssten stärker vorangetrieben werden?

Das Thema Gesundheit hat immenses Potenzial, zum Beispiel bei der Krebsdiagnostik. Ich selbst leide beispielsweise unter Endometriose und Hashimoto. Das sind zwei sehr häufige Frauenkrankheiten. Ich bin fest überzeugt, dass ich viel früher eine sichere Empfehlung für eine Diagnose dieser Krankheiten gehabt hätte, wenn eine KI über meine Symptome geschaut hätte. Das wäre vor allem dann hilfreich, wenn Ärzt:innen mit vielen verschiedenen Symptomen konfrontiert sind und nicht wissen, wie sie sie priorisieren sollen. Aber darüber hinaus sehe ich KI noch nicht in Anwendungen, die gesellschaftlich großen Einfluss haben. Denn sie hat im Moment eher Empfehlungscharakter. Und tatsächlich hoffe ich, dass wir nicht an den Punkt kommen, an dem KI tatsächlich unangefochten Entscheidungen übernimmt und festlegt, wer zum Beispiel welches Strafmaß bekommt. Aber KI kann helfen. Eine meiner Zukunftsvisionen ist, dass ich mit KI wie mit einem Freund diskutiere, den ich frage, ob ich mich für einen Job bewerben soll oder nicht. Und die KI würde mir ganz optimistisch dazu raten, weil sie zum Beispiel weiß, dass ich in diesem Job große Chancen hätte, in den kommenden zwei Jahren befördert zu werden. Sie würde mich auf die menschenfreundlichste Art und Weise aufklären. Es wäre natürlich nicht schön, irgendwann nur noch mit KIs zu sprechen. Aber schwierige Entscheidungen mit einem System durchzuchecken, das einfach viel mehr weiß, als ich je wissen könnte, fände ich sehr hilfreich.

Das ist eine sehr schöne Zukunftsvision, KI als Freund zu gewinnen – danke dafür!

AYA JAFF

Leidenschaft in Erfolg ummünzen – das ist in den vergangenen Jahren kaum jemandem so gut und authentisch gelungen wie Aya Jaff, als Traderin, als Gründerin und auch als Autorin. Die 27-Jährige wollte wissen, wie die Börse funktioniert – und schrieb den Spiegel-Bestseller „Moneymakers“. Sie wollte coden lernen – und programmierte im Silicon Valley für internationale Firmen wie Hyperloop Transportation Technologies. Sie wollte sich selbst beweisen, dass sie es bis an die digitale Spitze schafft – und wurde zur Inspiration für eine ganze Generation junger Frauen, die die Hightechbranche erobern. Aya hat es in die „20 under 20 Digital Pioneers“ von t3n und die Forbes „30 under 30“-Liste geschafft. Derzeit studiert sie Sinologie und Ökonomie und ist international als Keynote Speakerin gefragt.

Erneuerung durch Newcomer

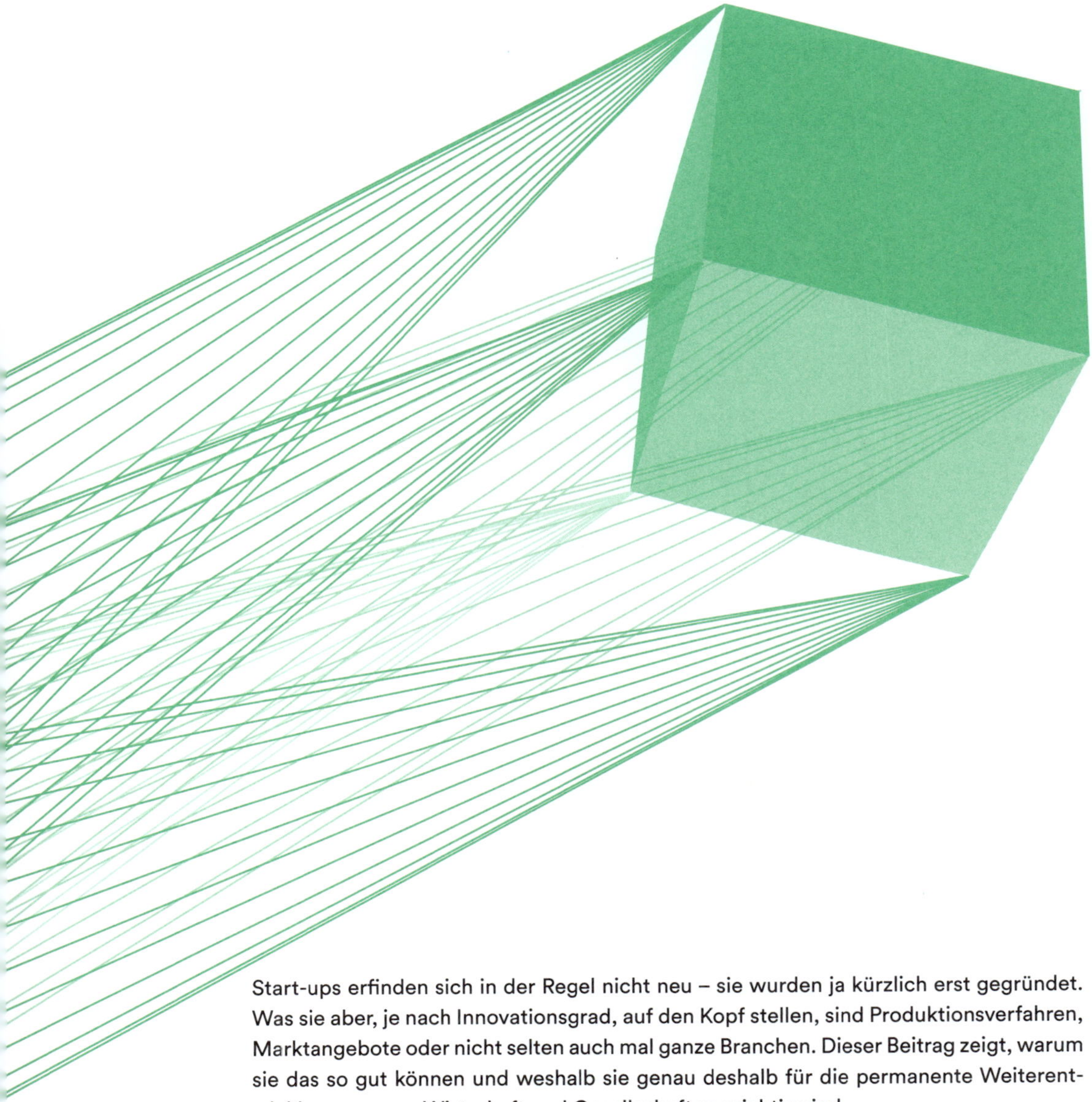

Start-ups erfinden sich in der Regel nicht neu – sie wurden ja kürzlich erst gegründet. Was sie aber, je nach Innovationsgrad, auf den Kopf stellen, sind Produktionsverfahren, Marktangebote oder nicht selten auch mal ganze Branchen. Dieser Beitrag zeigt, warum sie das so gut können und weshalb sie genau deshalb für die permanente Weiterentwicklung unserer Wirtschaft und Gesellschaft so wichtig sind.

Der wohl radikalste Weg, etwas zu erneuern, ist alles abzureißen und es neu aufzubauen. Etablierte Unternehmen, die zum Beispiel vor der Herausforderung der eigenen Digitalisierung stehen, würden so aber nicht vorgehen. Alles dicht machen und von vorne anfangen? Dann gäbe es keine Traditionsunternehmen mehr, Arbeitsplätze wären längst nicht so sicher und beständig wie derzeit unter anderem im Mittelstand. Bei null anfangen: Start-ups können das nicht nur, sie müssen es zwangsläufig. Gestartet auf der grünen Wiese erneuern sie nicht sich selbst, sondern erfinden zumeist ein Produkt oder eine Dienstleistung neu und haben so die Kraft, die Richtung einer ganzen Branche zu drehen. Dabei hinterfragen sie ganz selbstverständlich wirtschaftliches wie gesellschaftliches Denken und Handeln.

„Start-ups sind in der Lage, auch große Probleme zu lösen, weil sie auf einem weißen Blatt Papier starten", sagt Dr. Gesa Miczaika. Sie ist Vorständin des Bundesverbands Deutsche Startups und investiert mit dem Auxxo Female Catalyst Fund in Start-ups. Die jungen Unternehmen hätten weniger und kleinere Anspruchsgruppen als etwa Konzerne und wären so überhaupt erst in der Lage, derart disruptiv zu agieren. Diese Unabhängigkeit schaffe Raum für Veränderungen.

Von der Hypothese zum Hype

Start-ups gelten gemeinhin als Wegbereiter, Pioniere, stehen für Wandel und Umdenken. Das haben sie nicht nur dem Freiraum für ihr wirtschaftliches Handeln zu verdanken. Zu dem strukturellen Vorteil gesellt sich bei jungen Unternehmen häufig ein tatsächlich fortschrittlicher Inhalt. Das beobachtet auch Investorin Miczaika: „Gründungen entstehen vermehrt aus einer wissenschaftlichen Erkenntnis heraus, die die Gründer und Gründerinnen im Studium erarbeiten und dann auch selbst umsetzen." Bei größeren Unternehmen sei dies seltener der Fall und die Nähe zur Forschung weniger gegeben. Der im Oktober 2021 erschienene 9. Deutsche Startup Monitor belegt diese Beobachtung mit Zahlen, denn jede vierte Gründung der 2.000 untersuchten Start-ups stammt aus dem Umfeld von Hochschulen und Forschungseinrichtungen. Das reicht von wahren Brutkästen für Gründungen durch gezielte Start-up-Programme und -Förderungen bis hin zur Weiterentwicklung der eigenen Bachelor- oder Masterarbeit durch die Studierenden. Zudem geht jedes zweite dieser Start-ups Kooperationen mit wissenschaftlichen Einrichtungen ein.

Innovation meets Leidenschaft

Wer sich intensiver mit Start-ups beschäftigt, fragt sich, was eine erfolgreiche Gründung wirklich ausmacht. Die Unabhängigkeit im Handeln wird spätestens mit dem Einstieg von Investoren begrenzt, und mit der Bekanntheit eines Start-ups schauen auch Öffentlichkeit sowie Medien genauer hin. Und eine Innovation oder wissenschaftliche Erkenntnis allein bringt auch noch keinen profitablen Wirtschaftsbetrieb. Wie schaffen sie es also, aus dem Nichts einen Erfolg zu machen? Inzwischen zählen zu den Dax-40-Konzernen immerhin auch ausgewachsene Start-ups, die es vor ein paar Jahren noch gar nicht gab. Wer sich dann häufiger mit jungen Entrepreneuren unterhält, merkt, dass es eine bestimmte Gründerpersönlichkeit braucht, um mit einem Start-up erfolgreich zu sein.

Zwei Eigenschaften trennen Miczaika zufolge die Spreu vom Weizen: Passion und Resilienz. Mit Ersterem meint sie einen grundsoliden Optimismus und eine übermäßige Energie bei allem, was sie tun. In Anbetracht der Tatsache, dass neun von zehn Start-ups scheitern, überrascht auch die Resilienz als Notwendigkeit nicht. „Viele denken, bei Start-ups geht es nur steil bergauf, aber das ist gar nicht so", sagt sie. Viel mehr würde es immer wieder auch Rückschläge geben, mitunter existenzbedrohend. Widerstandsfähigkeit, Hartnäckigkeit, Beständigkeit: Damit würden sie die nachhaltige Entwicklung des Landes voranbringen.

Wir haben eine Reihe von Start-ups getroffen, die mit neuen Ideen bereits erfolgreich am Markt sind. Jedes Einzelne von ihnen hat das Potenzial, ein vielerorts längst überfälliges Re-Invent unserer Wirtschaft und Gesellschaft voranzutreiben.

rooom

Eintauchen in virtuelle Welten und völlig neue Erlebnisse schaffen – was lange nur in Videogames möglich war, entdecken heute auch immer mehr Unternehmen für sich und ihre Kunden. Augmented und Virtual Reality (AR und VR) halten zunehmend Einzug in Sales- und Service-, Marketing- und Kommunikationsabteilungen. Mithilfe von 3D-Visualisierung lassen sich etwa Produkte so realistisch präsentieren, als hätte der Kunde sie gerade selbst in der Hand. Die höchste Stufe dieser Verschmelzung von virtueller und realer Welt stellt das sogenannte Metaversum dar: ein digitaler Raum, in dem man sich als Avatar mit Kollegen, Freunden, Kunden und Geschäftspartnern treffen und austauschen kann – perfekt für Networking, ortsunabhängige Projektplanung und virtuelle Events. Damit Unternehmen auch ohne umfangreiche technologische Aufrüstung die Möglichkeiten der 3D-Technologie nutzen können, hat Hans Elstner die rooom AG gegründet.

„Re-Invent bedeutet für mich, die bisherige 3D-Visualisierung neu zu erfinden und für Unternehmen nutzbar zu machen."

HANS ELSTNER, GRÜNDER & CEO

Der Gründer hat sich schon immer dafür interessiert, wie Produkte im Internet auf eine Weise dargestellt werden können, die dem Betrachter ein besseres Verständnis von Aussehen, Größe und Funktionalität ermöglicht. Schon mit zwölf Jahren, zu einer Zeit, als Daten noch auf Disketten gespeichert wurden, hat Elstner seine ersten 3D-Modelle gebaut. Es lag also auf der Hand, dass auch sein 2016 gegründetes Start-up etwas mit 3D-Technologie zu tun haben sollte.

So bietet rooom heute eine Plattform für das Erstellen, Bearbeiten und Präsentieren von 3D-Inhalten sowie die Nutzung virtueller Umgebungen z. B. für Events. Die drei „o" im Namen stehen dabei für die drei Dimensionen virtueller Welten. Der Fokus des Unternehmens liegt auf 3D- und AR-Erlebnissen, die auf jedem Gerät funktionieren, ohne Installation und Spezialbrille – und ohne dafür einen eigenen 3D-Modellierer einstellen zu müssen. Einfache Produktfotos genügen für das Erstellen einer 3D-Produktansicht. Außerdem können Modelle auch unkompliziert mithilfe von Videos oder hauseigener 3D-Scan-Lösungen erstellt werden. Das Einzigartige daran ist, dass die Daten so komprimiert werden, dass sie problemlos in eine Webseite eingebettet und im Browser betrachtet werden können.

Das ist besonders interessant für Online-Händler, Reiseanbieter oder auch Immobilienmakler, die ihren Kunden ein lebensechtes „Look and Feel“ ihrer Produkte und Angebote vermitteln wollen. Mithilfe von AR lassen sich Inhalte in eine reale Umgebung projizieren. So können Kunden zum Beispiel Möbel in ihrem Zuhause platzieren. 360-Grad-Rundgänge ermöglichen es, Hotelzimmer oder Wohnungen virtuell zu betreten und zu erkunden. Mit rooom bildet Elstner mittlerweile aber auch ganze Metaverse Spaces ab, in denen etwa Messen stattfinden wie die IFA 2020, bei der sich 200.000 Besucher virtuell begegneten. Teams können in diesen digitalen Räumen interaktiv miteinander kommunizieren und arbeiten, als wären sie am selben Ort. Produktwelten lassen sich in virtuellen Showrooms präsentieren und für die Kunden erlebbar machen. Begegnungen erfahren eine ganz neue Qualität, weil sie realistischer und persönlicher gestaltet werden können. Unternehmen erschließen neue Dimensionen der Nähe zu Mitarbeitern, Kunden und Partnern in einer zunehmend digitalen Wirtschaft und Gesellschaft.

Flixcheck

„Re-Invent bedeutet für mich das ständige Hinterfragen von etablierten Zuständen sowie das Verändern dieser, hin zu einer messbaren und gefühlten Verbesserung.“

MATHIAS STAAR, GRÜNDER & GESCHÄFTSFÜHRER

Kundenkommunikation? Ja! Digitale Kundenkommunikation? Unbedingt! Aber was, wenn die Ressourcen fehlen, um eine eigene App zu launchen? Diese Fragen haben sich auch die Gründer von Flixcheck gestellt – und dafür eine einfache und schnelle Lösung erfunden. Das Start-up aus Essen hat eine Plattform entwickelt, über die Unternehmen sämtliche Kommunikationsprozesse digitalisieren können, unabhängig von Branche, Digitalisierungsgrad, Anlass und Kommunikationskanal. Dafür stellt Flixcheck zahlreiche vorangelegte Prozesse zur Verfügung, die jedes Unternehmen an sein Corporate Design, seinen Sprachgebrauch und seine individuellen Anforderungen anpassen kann.

Wenn beispielsweise ein Mobilfunkanbieter nach Vertragsabschluss die Bankverbindung eines Neukunden benötigt, wählt er auf der Online-Plattform den entsprechenden Prozess – sogenannte Checks – aus und kann diesen nach Wunsch personalisieren. Der Kunde erhält die Anfrage dann per E-Mail, SMS oder Messenger, öffnet sie im Webbrowser und hinterlegt dort seine Daten. Fotos, Dokumente und Unterschriften finden so ihren Weg digital vom Kunden zum Anbieter. Und das nach den Sicherheitsstandards der DSGVO und ohne dass dafür eine App heruntergeladen und installiert werden muss.

Die Vorteile der Lösung liegen auf der Hand: Unternehmen digitalisieren ihre Services und kommunizieren mit ihren Kunden, auch wenn diese unterwegs sind. Damit steigern sie nicht nur die Kundenzufriedenheit, sondern auch die Effizienz ihrer internen

Prozesse. Denn die digital vorliegenden Daten lassen sich schnell und sicher bearbeiten. Zudem machen sie Ausdrucke und Postversände überflüssig – das spart Geld und schont die Umwelt.

Mit seiner Plattform eröffnet das Essener Start-up vor allem auch kleineren Firmen wie Immobilienmaklern, Energieberatern oder Kindertagesstätten eine effiziente Möglichkeit, den Kundenservice zu digitalisieren, ohne dafür selbst eine eigene Lösung entwickeln zu müssen. Für viele rückt so ein digitaler Quantensprung in Reichweite und damit eine spürbare Verbesserung der Interaktion mit den eigenen Kunden. Kein Wunder, dass selbst große Unternehmen wie die ARAG Versicherung oder die Telekom Flixcheck nutzen.

cirplus

Stellen Sie sich vor, Sie machen einen Segeltörn im karibischen Meer: heller, feiner Sandstrand, türkisfarbenes Wasser, Palmen. Und auf einmal verheddern sich Ihre Füße auf offener See, aber es sind keine Algen, sondern ein Geflecht aus Plastikmüll. Christian Schiller erging es so in Südamerika und er gründete daraufhin im Dezember 2018 mit Volkan Bilici ein Start-up: cirplus, eine Online-Beschaffungsplattform für recycelten Kunststoff (auch bekannt als „Rezyklat"). Er digitalisiert damit die Handelstransaktion zwischen Herstellern dieser wiederverwertbaren Kunststoffe und den potenziellen Käufern. Allen voran Verpackungsunternehmen, um den Kreislauf eben dieser zu schließen. Dabei ginge es besonders darum, Transparenz in den Markt zu bringen: Wer kann eigentlich was in welchen Mengen recyceln und wo fallen welche Arten von Plastikabfällen an?

Kenntnisse praktischer oder fachlicher Natur hatte er über Kunststoff bis dahin nicht. Mit einem Studium der Volkswirtschaftslehre, der Politik und des Rechts im Gepäck fing er als erster Angestellter in Deutschland bei dem französischen Start-up BlaBlaCar für Mitfahrgelegenheiten an. Als Business Developer und Public Affairs Manager baute er die Online-Mitfahrzentrale ab April 2013 mit auf. BlaBlaCar: ebenfalls eine Verknüpfungsplattform und durch die Fahrgemeinschaften durchaus klimaschonend, aber inhaltlich etwas ganz anderes als sein heutiges, eigenes Start-up cirplus. Die

„Re-Invent bedeutet, das alte Inventar in eine neue Ordnung zu bringen – in unserem Fall über die Digitalisierung zu einem neuen Wertschöpfungsmodell im Abfall- und Recyclingmanagement zu kommen."

CHRISTIAN SCHILLER, GRÜNDER & CEO

neue Geschäftsidee des vielseitigen Gründers markiert einen persönlichen Perspektivwechsel von einem Endverbrauchermarkt hin zu einem Business-to-Business-Modell. Dabei war Schiller von Anfang an klar, dass sein Vorhaben langfristig nur Erfolg haben könne, wenn die Transaktionskosten der nachhaltigen Kunststoffbeschaffung sinken – die recycelte Alternative zu Neuplastik also günstiger würde. Denn derzeit sei neues Plastik günstiger als recyceltes. Da würde es dem wohlwollendsten Einkäufer schwer fallen, den Bezug von Rezyklat in der Chefetage durchzusetzen.

Du bist hier der Chef!

Bei dieser Gründung gibt es keinen Exit-Plan. Die Verbraucherinitiative „Du bist hier der Chef!" möchte eine gesellschaftliche Transformation schaffen. Und zwar weg von billigen Discounterprodukten hin zu fair vergüteten Lebensmitteln von Landwirten. Dafür hat Nicolas Barthelmé im Juni 2019 gemeinsam mit acht weiteren Mitgliedern einen Verein in Eltville am Rhein gegründet.

Das Konzept, das ursprünglich aus Frankreich stammt und dort inzwischen mehr als 30 Produkte hervorgebracht hat, ist einfach: Verbraucher und Verbraucherinnen können auf der Website einen Online-Fragebogen durchgehen, der die einzelnen Aspekte der Herstellung von zum Beispiel Milch abfragt. Stehen die Kühe auf der Weide oder im Stall – was darf's denn sein? Am Ende der Umfrage ergibt sich ein Preis, der für die gewählten Produkteigenschaften inklusive einer garantierten Vergütung für die Milchbauer notwendig ist. Dieser Preis wird als unverbindliche Preisempfehlung sogar auf die Verpackung gedruckt. Die frische Bio-Weidemilch beispielsweise soll mindestens 1,45 Euro kosten. Auf diese Art und Weise haben sie inzwischen auch faire Bio-Eier in die Supermarktregale gebracht. Als nächstes sind Kartoffeln, Butter und Mehl dran. Auf die Initiative ist Nicolas Barthelmé bei seinen Eltern in Frankreich aufmerksam geworden. Sie hatten bei dem

„Re-Invent bedeutet für uns Verbraucherinnen und Verbraucher, dass wir mit Landwirten und Handel einen Dreiklang bilden, um faire regionale Lebensmittel zu entwickeln, zu produzieren und vermarkten. Mit viel Mitbestimmung, Transparenz und Fairness. So schaffen wir eine neue solidarische Art der Zusammenarbeit zwischen allen relevanten Akteuren."

NICOLAS BARTHELMÉ, MITGRÜNDER

Fragebogen nicht mitgewirkt, die Milch aber dennoch im Kühlschrank stehen.Fair produzierte Produkte in Supermärkten: Das klappt nur, wenn auch der Handel bei der Vermarktung neue Wege geht und mit unterstützt. Und das bedeutet, auf die Listungsanfragen der eigenen Kundinnen und Kunden einzugehen, die Verbraucherprodukte sichtbar zu platzieren und über die eigenen Kommunikationskanäle die Produkte zu erklären und bekannt zu machen.

KidsCircle

„Re-Invent bedeutet für mich, ein Produkt – auch nach Markteinführung – kontinuierlich auf globale Trends, Product-Market Fit, Wirtschaftlichkeit und andere relevante Kriterien hin zu hinterfragen und gegebenenfalls anzupassen."

SABINE WILDEMANN, GESCHÄFTSFÜHRERIN & CEO

Sabine Wildemann ist Mutter von zwei Söhnen und war immer berufstätig. Grundprobleme bei der Kinderbetreuung seien Zeit und Wege. Ersteres zu knapp, Letzteres zu lang. Daher wollte sie Betreuungsangebote in Ergänzung zu Kita oder Hort näher zu den Eltern bringen, also zum nächstgelegenen Park oder zur Bibliothek um die Ecke. Starten wollte sie mit ihrem Start-up KidsCircle im April 2020. Es habe bereits 10 Kooperationspartner gegeben, darunter Kindermuseen, die ihre Räumlichkeiten zur Verfügung stellen wollten. Kurz vor dem Start, im März 2020, musste sie aufgrund der Coronakrise und des zu erwartenden Lockdowns stoppen. War's das nun mit ihrer Gründung? Nach fast zehn Jahren bei dem Dax-Konzern Infineon im Sales und Marketing sowie einigen darauffolgenden Interimsmandaten wollte sie doch etwas Eigenes, Neues auf die Beine stellen.

Die Kinderbetreuung per se war während der Lockdowns und Homeoffice-Pflichten gefragter denn je. Sie könnte doch, wie so vieles zu dieser Zeit, auch digital abgebildet werden. Gemeinsam mit den Kids Coaches, die hauptsächlich freiberuflich für das Start-up arbeiten, hat Wildemann daher kurzerhand eine digitale Version von KidsCircle entwickelt, die vor allem für Unternehmen und deren Mitarbeitenden mit Kindern gedacht ist. Mit der Metapher eines Hauses haben sie sich vielfältige Betreuungsangebote, wie Malen und Basteln, Experimentieren, Zaubern, Tanzen oder auch gemeinsames Lesen, für die virtuellen Zimmer überlegt. Green-Screen-Lösungen und Filterelemente sollen für Spaß vor dem Bildschirm sorgen. Der Besuch eines Themenzimmers dauert 60 Minuten. Die Zimmer beginnen stündlich und sind inzwischen täglich von 9 bis 19 Uhr buchbar. Grafiken, Texte, Website: Wildemann gründete allein und machte alles selbst – innerhalb einer Woche. Am 31. März 2020 ging das Angebot live.

Nect

Digitalisieren muss sich zwangsläufig jedes Unternehmen auf die eine oder andere Art und in verschiedenem Ausmaß. Die globale Vernetzung und zunehmende Ortsunabhängigkeit jedes Einzelnen erfordert das. Häufig werden auch persönliche, sensible Daten digitalisiert, sie müssen digital erfasst und verarbeitet werden. Der Datenschutz macht es für die Unternehmen komplexer.

Die Verifizierung einer Identität über ein Ausweisdokument ist so ein Fall – beispielsweise für das Eröffnen eines Bankkontos oder den Abschluss einer Versicherung. Mit dem Personalausweis zur Postfiliale gehen oder drei Tage auf Sicherheitscodes per Post warten ist alles andere als digital, sondern kostenintensiv und für Kunden zeitaufwendig. Die Deutsche Post und auch andere Anbieter haben zwar bereits Applikationen für eine Online-Identifikation ihrer Kunden im Einsatz, allerdings führt die Identifikation immer noch ein Angestellter aus, lediglich der Weg in eine Filiale wurde eingespart. Es kommt zu Wartezeiten im eigenen Wohnzimmer.

Genau hier setzte Benny Bennet Jürgens im April 2017 an und gründete gemeinsam mit Carlo Ulbrich das Start-up Nect. Dass die Identität bei Nect von einer KI-basierten Technologie geprüft wird, würde für die Unternehmen, die das System einsetzen, die Kosten senken und für die Nutzer den Vorgang beschleunigen, sagt Jürgens. Gestartet ist das Unternehmen in der Nische: im Versicherungswesen. Beim einem der größten Versicherungskonzerne hatte Jürgens zuvor fast zehn Jahre gearbeitet. Zudem wird der Einsatz neuer Innovationen in der Compliance pragmatisch vom Vorstand entschieden, anders als bei Banken über die Aufsicht – gute Startbedingungen also. Inzwischen zählt Nect unter anderem die Telekom und den ADAC zum Kundenstamm. Auch die stark regulierte Bundesagentur für Arbeit hatte die Nect-Technologie im Einsatz – im Rahmen der Antragstellung auf Arbeitslosengeld während der Coronapandemie.

„Re-Invent bedeutet für mich vor allem, dass Produkte immer wieder und konsequent aus der Sicht des Nutzers betrachtet werden. Dafür benötigt es eine Vision und den unbedingten Willen, sich immer wieder an neue Gegebenheiten anzupassen und daraus neue Anwendungen zu erschaffen.“

BENNY BENNET JÜRGENS, GRÜNDER & CEO

right. based on science

In der Wirtschaft ist immer dann von einer Blase die Rede, wenn – vereinfacht gesagt – der am Markt gehandelte Wert eines Objekts weit über dem tatsächlichen Wert liegt. Die Dotcom- und Immobilienblase sind bekannte Beispiele. Hannah Helmke hat sich durch das Lesen einer Forschungsarbeit in die Thematik der weniger bekannten Kohlenstoffblase verbissen. In diesem Fall beziffern Unternehmen den Wert fossiler Energiereserven wie Erdöl, Kohle und Erdgas in ihren Bilanzen unter der Annahme, dass sie auch zukünftig gefördert, verkauft und genutzt werden können.

„Re-Invent heißt für mich, dass wir unsere Wirtschaft neu denken, um sie in Einklang mit dem 1,5-Grad-Ziel des Pariser Klimaschutzabkommens zu bringen, weil wir die unternehmerischen Chancen darin entdecken."

HANNAH HELMKE, GRÜNDERIN & CEO

75 Prozent davon dürften bei einem Klimaziel von unter zwei Grad laut Gründerin Helmke aber nicht verbrannt werden. Sie beschäftigte sich damit, wie Unternehmen durch Schaffung von Transparenz dabei unterstützt werden können, ihre Risikoexposition gegenüber dieser Blase zu verringern. Mit ihrem Start-up right. based on science stellt die studierte Psychologin und Betriebswirtschaftlerin den Unternehmen Analysen zur Verfügung, mit denen sie erfahren können, wie 1,5-Grad-konform sie tatsächlich sind. Die Klimaziele der Unternehmen seien im seltensten Fall ambitioniert genug, um dieses Ziel zu erreichen.

Der Klima-Status-quo der Unternehmen ist der Gründerin zufolge zudem oft anhand der CO_2e-Emission ausgedrückt – das Pariser Klimaabkommen aber in einer Gradzahl. Bei dem XDC Modell des Start-ups ist das anders: Es bringt mithilfe der Szenarioanalyse zum Ausdruck, um wie viel Grad sich die Erde erwärmen würde, wenn alle Unternehmen bis 2050 so wirtschaften würden wie das betrachtete Unternehmen. Im Jahr 2016 gegründet, seien sie mit right. based on science damals die Ersten gewesen. Seinerzeit schien es für viele noch unverständlich, warum dieses Vorgehen notwendig ist. Fridays for Future gab es noch nicht. In Planung ist bei dem Frankfurter Start-up bereits die Kopplung des XDC Modells, also der Gradzahl, an Bankkredite der Unternehmen. Die Zinsen richten sich dabei an das Erreichen oder auch Verfehlen der Klimaziele.

Stärkung der Start-ups

„Start-ups sind Wegbereiter für die wirtschaftliche Entwicklung und auch Erneuerung", sagt Dr. Gesa Miczaika, die als Mitglied des Beirats Junge Digitale Wirtschaft auch das Bundeswirtschaftsministerium berät. Die Neugründungen beschäftigen sich dabei mit zentralen Problemen der deutschen Wirtschaft und Gesellschaft. Das zeigt der 9. Deutsche Startup Monitor: 43 Prozent ordnen ihre Produkte und Angebote der Green Economy zu, 38 Prozent dem Social Entrepreneurship. Und sie schaffen immer mehr Arbeitsplätze: Die Beschäftigung in Start-ups und Scale-ups wächst deutlich stärker als in Dax-30-Unternehmen, wie eine Studie aus dem Juni 2021 des Bundesverbands Deutsche Startups ergeben hat. Es wäre also wünschenswert, die Vorhaben von Gründern und Gründerinnen weiter zu stärken. Das wirtschaftliche Umfeld in Deutschland ist für die jungen Unternehmen allerdings nicht optimal. Was sind die größten Schmerzpunkte? Miczaika und vielen Studien zufolge sind das der Zugang zu Kapital, Talenten und ein fairer Wettbewerb. „Wenn davon ausreichend zur Verfügung stünde, würde das den Start-ups schon sehr helfen", sagt sie.

Wachstum kostet Geld

Es klingt konträr: Zum einen erhielten deutsche Start-ups laut des Barometers von EY (Ernst & Young, Unternehmensberatung) im ersten Halbjahr 2021 mit 7,6 Milliarden Euro mehr als dreimal so viel Kapital wie im Vorjahreszeitraum und mehr als im gesamten Jahr 2020. Die negative Entwicklung der Zinsen macht für viele die Finanzierung in

„Start-ups sind Wegbereiter für die wirtschaftliche Entwicklung und auch Erneuerung."

DR. GESA MICZAIKA, FOUNDING PARTNER AUXXO FEMALE CATALYST FUND UND VORSTANDSMITGLIED STARTUP-VERBAND

Wagniskapital und somit Gründungen attraktiver. Zum anderen aber stellt die Kapitalbeschaffung seit Jahren eine der größten Herausforderungen für Start-ups dar. Große Finanzierungsrunden über Venture Capital haben zwar deutlich zugenommen, aber eben an einzelne Unternehmen. In der breiten Masse kommt dieses Geld nicht an. Nur knapp die Hälfte beziehen staatliche Fördermittel und drei Viertel der Start-ups nutzen daher eigene Ersparnisse, so das Ergebnis der Start-up-Verband-Studie.

„Das EXIST-Gründerstipendium des Bundesministeriums für Wirtschaft und Klimaschutz ist noch nicht bekannt genug und viele denken, es wäre nur für hoch technische Innovationen da", sagt Miczaika. Die Investorin hat im November 2021 gemeinsam mit Bettine Schmitz den ersten Wagniskapitalfonds speziell für weiblich besetzte Start-ups gestartet. Geld bekommen reine Frauenteams sowie gemischte Teams, wenn Frauen mindestens 20 Prozent der Gründungsanteile halten. So möchte sie für mehr Kapital sorgen und gleichzeitig Gründungen durch Frauen fördern. Der Anteil an Gründerinnen in Start-ups liegt laut Start-up Monitor derzeit mit einem kleinen Anstieg zum Vorjahr bei 17,7 Prozent.

Groß gegen klein

Gibt es dann in einem Start-up Kapital, fließt es zu einem großen Teil in Personal und vor allem in spezialisierte Fachkräfte, die das Wachstum vorantreiben sollen. Den Fachkräftemangel würden natürlich auch die jungen Unternehmen zu spüren bekommen und die Konkurrenz zu den großen Unternehmen sei hart, sagt Start-up-Expertin Miczaika: „Sie bekommen häufig Mitarbeitende aus dem Ausland, und es ist sehr komplex, sie hier arbeiten zu lassen." Die Lösung und auch Forderung sei ein Tech-Visum, mit dem ausländische Arbeitskräfte innerhalb von 30 Tagen angestellt werden könnten.

Ein wichtiges, bereits bestehendes Mittel für Start-ups, um Fachkräfte zu gewinnen, sind die Mitarbeiterbeteiligungen, also Anteile an dem Unternehmen. Auf diese Art werden niedrigere Gehälter kompensiert. Die Besteuerung der noch nicht existierenden Einkommen und die eigentlich unerwünschte Mitsprache der Anteilseigner durch das Gesellschaftsrecht erschweren Start-ups aber den Einsatz dieses Instruments. Das sorgt für einen Standortnachteil Deutschlands.

Zudem fehle es für Miczaika an einem fairen Wettbewerb, denn hierzulande herrschten Datenmonopole. Der Zugang zu Daten ist für Start-ups enorm wichtig, um ihr Geschäftsmodell zu entwickeln und zu skalieren, jedoch nur für 38 Prozent der Befragten des 9. Deutschen Startup Monitors ausreichend vorhanden. Kritisiert werden die Wettbewerbsverzerrungen durch Datenmonopole, die bei wenigen internationalen Konzernen liegen. Abhilfe würden mehr öffentliche Daten von Seiten des Staates schaffen, so die Vorständin des Bundesverbands Deutsche Startups.

Strom für

Die Elektrifizierung eines Kontinents

die Welt

Mehr als 600 Millionen Menschen in Subsahara-Afrika leben noch immer ohne elektrischen Strom. Um das zu ändern, haben die Social Entrepreneure Aida und Torsten Schreiber 2015 den Solartechnikanbieter Africa GreenTec gegründet. Sie denken Entwicklungshilfe neu, bringen den Kontinent zum Leuchten – und schaffen so die Basis für nachhaltig bessere Lebensbedingungen und Einkommensmöglichkeiten.

Es ist Nacht in Mélo. Alles liegt im Dunkeln, die Sterne lassen nur Umrisse des Dorfes im Westen Malis erahnen. Ein leichter Wind geht, Grillen zirpen, man hört Menschen angespannt atmen. Sie warten darauf, dass sie ihr Dorf zum ersten Mal nachts erleuchtet sehen. Sie warten darauf, dass der Schalter des Solartainers umgelegt wird. Sie warten auf elektrischen Strom. Der Moment, in dem er endlich fließt, ist unbezahlbar. So viele glückliche Gesichter, die mit Begeisterung auf das beleuchtete Mélo blicken. Wir schauen uns an und wissen: Das ist der Grund, warum wir hier sind und warum wir Africa GreenTec gegründet haben.

Liebe, Heirat, Kinder – und plötzlich sieht man die Welt mit neuen Augen

Wir, das sind Aida und Torsten Schreiber, ein interkulturelles Paar aus einem Deutschen und einer Malierin. Kennengelernt haben wir uns in Frankfurt, unsere Tochter kam 2009 zur Welt. Wie die Kindheit unserer Kleinen wohl in Mali verlaufen wäre? Was für einen Planeten wir den Kindern hinterlassen? Diese Fragen rückten in unseren Fokus.

Es ist in der westlichen Welt sehr schwer, sich das zu verbildlichen, aber in Subsahara-Ländern wird abseits der großen Städte noch heute alles händisch erledigt – Nähen, Wasser pumpen, Holz schleifen. Beinahe das gesamte Handwerk findet ohne die Hilfe von elektrischem Strom statt. Gleichzeitig hat die Region südlich der Sahara die höchsten Sonneneinstrahlungswerte der Erde – die Voraussetzung für verlässlichen Solarstrom. Getrieben vom Gedanken an die besonderen Herausforderungen unzähliger Menschen, denen wir über die Jahre begegnet sind – und denen eine zuverlässige Energieversorgung so sehr dabei helfen kann, sich selbst zu verwirklichen –, wuchs die Idee, ein Social Business zu gründen und saubere, günstige Energie nach Afrika zu bringen.

Nassou Oumar steht in dem kleinen malischen Städtchen Djoliba in der Küche und brät Hähnchenfleisch für seine zahlreichen Gäste. Der Restaurantbesitzer verarbeitet hier das Fleisch seiner eigenen Hühnerfarm und handelt nebenbei. Er ist ein sogenannter „Serial Entrepreneur", ein mehrfacher Unternehmensgründer. Bei afrikanischen Temperaturen verdirbt frisches Fleisch innerhalb einer halben Stunde, auch andere Zutaten trotzen der Sonne nur schlecht. Aber Nassou Oumar hat diesen Stressfaktor als Kunde von Africa GreenTec ausgeräumt. Er legt eine Hand auf den großen Kühlschrank. „Ohne Strom sind auch die besten Ideen nicht umsetzbar. Strom ist der Anfang von allem!", erklärt er. „Durch den Strom aus dem Solartainer konnte ich dieses Restaurant mit sechs Mitarbeitern eröffnen. Ich bin jetzt unabhängig und selbstbestimmt, es könnte mir nicht besser gehen. Dabei war ich schon auf dem Weg nach Europa gewesen. Welche Perspektiven hatte Djoliba mir denn zu bieten? Als ich hörte, dass Strom in die Gemeinde kommt, bin ich umgekehrt, habe hier meine Unternehmen gegründet und bin jetzt sehr glücklich."

Das Herz unserer Idee – der Solartainer

Unsere Innovation ist, dass wir Strom weitergedacht haben. Das Herzstück all unserer Mini-Grids ist der von uns entwickelte mobile Solarcontainer (Solartainer®). Vorfinanziert werden diese bis zu 200.000 Euro teuren Container meist per Crowdfunding. Schon wenige Tage nach der Anlieferung im Dorf hat der Solartainer seine Flügel aus Solarpaneelen ausgebreitet, lädt die massiven Akkus in seinem Bauch und ähnelt einem Satelliten. An den Container kann nun alles angeschlossen werden – vom mobilen Kühlhaus über Wasseraufbereitungsanlagen und -pumpen bis zum Internet-Router. Er ist ein vollständiges, kleines Off-Grid-Kraftwerk. Die kleinen und mittelständischen Betriebe bekommen ihre Leitungen gelegt, und eine neue Zeit bricht an.

Neueste Technologien wie Smart Meter ermöglichen es uns, die erzeugte Elektrizität intelligent im Dorf verteilen, steuern, überwachen und abrechnen zu können. Technologien wie diese verhalfen uns beim AFSIA Solar Award 2020 zur Auszeichnung als „bestes Mini-Grid-Projekt". Mittels smarter Analysen können wir die Stromverteilung innerhalb der Dörfer sogar in Echtzeit von unserem deutschen Sitz im hessischen Hainburg aus anpassen. Abgerechnet wird über ein Prepaid-Tarifsystem. Die Bewohner Mélos und Djolibas zahlen für unseren nachhaltigen Strom jetzt nur noch etwa halb so viel wie für den Strom aus den Dieselgeneratoren, die bislang in ländlichen Gegenden Usus waren. Das ermöglicht völlig neue unternehmerische Aktivitäten, mit deren Hilfe sich zahlreiche Menschen auf ihre eigene Weise neu erfinden können.

Unterstützung auf Augenhöhe

Es gibt einige lobenswerte Initiativen, nachhaltigen Strom nach Afrika zu bringen. Die meisten Mini-Grids werden jedoch für Privathaushalte geplant. Damit die Kinder abends unter einer Glühbirne lernen können und ein Radio gekauft werden kann. Diese Anlagen sind großartig, keine Frage, aber sie liefern nicht genug Power für Handwerk, Handel und andere Kleinbetriebe. An dieser Stelle haben wir genau für diese Zielgruppen weitergedacht und sehen den Strom doch immer als das, was er ist: die Grundlage effizienter Arbeit und wirtschaftlichen Treibens. Das System funktioniert für alle Beteiligten – und bekämpft Migrationsursachen direkt vor Ort. Als Mentees des Friedensnobelpreisträgers Muhammad Yunus sehen wir Africa GreenTec als eine Brücke zwischen dem klassischen, gewinnorientierten Kapitalmarkt und einem Social Business. Als Teil der Gemeinwohl-Ökonomie (GWÖ) sind wir überzeugt davon, dass Mensch und Gemeinwohl im Zentrum unternehmerischen Handelns stehen sollten und eine Balance zwischen „Planet, People & Profit" möglich ist. Nachhaltige Entwicklung, Wirtschaftlichkeit und soziale Ziele müssen Hand in Hand gehen. Die GWÖ fördert Gemeinwohl und Kooperation statt Ellenbogenmentalität. Auch Menschenwürde, Solidarität, ökologische Nachhaltigkeit, soziale Gerechtigkeit und demokratische Mitbestimmung sind als Werte dort verankert.

Muhammad Yunus und seine Idee

Wirtschaftswissenschaftler Muhammad Yunus aus Bangladesch gründete 1983 die Grameen Bank, ein Geldhaus für Mikrokredite. Seiner Vision zufolge braucht der Kapitalismus Sozialunternehmen, deren Zweck nicht die Gewinnmaximierung, sondern die Lösung von sozialen, ökologischen und ökonomischen Problemen ist. Aus seiner Idee entstand das Konzept des Social Business. Macht diese Unternehmensform Gewinn, wird er in das Unternehmen reinvestiert. Die Anteilseigner verdienen nichts, können ihr Kapital jedoch zurückerhalten. Viele Menschen folgten der Idee und stellten Kapital bereit, das Yunus in Form von Mikrokrediten an arme Menschen in Bangladesch und anderen Ländern vergeben konnte. Im Jahr 2006 erhielt er für seinen unermüdlichen Einsatz den Friedensnobelpreis.

Diese Vision wird schlussendlich durch eine „Gemeinwohl-Bilanz" sichtbar und messbar gemacht. Mit Africa GreenTec haben wir bereits 2020 eine solche Bilanzierung durchgeführt.

Aktuell haben wir bereits über zehn Millionen Euro in unsere ImpactSites in Mali, Tschad, Senegal, Niger und Madagaskar investieren können – unterstützt durch namhafte Institutionen und Investoren wie die GLS-Bank, Steyler und Family-Offices, die an unser Konzept glauben. Zusätzlich haben wir es geschafft, mit der Unterstützung unserer großartigen Fans das bislang größte Afrika-Crowdfunding aus Deutschland auf die Beine zu stellen. Dabei wurden über vier Millionen Euro in Genussrechte der Africa GreenTec AG investiert. Für unseren ersten Solartainer hatten wir das Geld sogar in nur drei Tagen zusammen! Das macht uns noch heute stolz und glücklich.

Re-Invent beginnt mit offenen Ohren – und einem diversen Team

Die traditionelle Entwicklungshilfe traut den Menschen unserer Meinung nach oftmals immer noch viel zu wenig zu. Viele Initiativen wollen Lösungen bieten, ohne aber den Menschen vor Ort in angemessenem Umfang zuzuhören. Wir hören zu. Zusätzlich möchten wir mit unserem Social Business ein Re-Invent der Entwicklungskooperation erreichen: Als Partner auf Augenhöhe stellen wir unsere nachhaltigen Infrastruktur-Dienstleistungen zur Verfügung, damit die lokalen Communitys sich selbst helfen können. Dafür werden wir bezahlt, denn wir sehen die Verbraucher unseres Stroms genauso wenig als Hilfsempfänger wie sie sich selbst. Nur so ist eine Partnerschaft ohne Machtgefälle möglich, ebenso wir ein faires Business in Afrika – das zeigen wir mit unserer Arbeit.

Apropos Fairness: Als interkulturelle Familie mit mittlerweile drei afrodeutschen Kindern möchten wir auch in unserer Firma ein Klima schaffen, in dem sich jeder ungeachtet von Herkunft und Hautfarbe wohlfühlt. Unser interkulturelles Team in Deutschland mit Mitarbeitenden aus Senegal, Tschad, Kamerun, Äthiopien, Mali, Niger, Frankreich, Italien, Namibia und Madagaskar macht uns über viele Kulturen hinweg unvergleichlich handlungsfähig. An den einzelnen ImpactSites kommen noch einmal circa 120 Mitarbeiter und Mitarbeiterinnen auf dem afrikanischen Kontinent hinzu. Ohne diese wäre unser Konzept nicht vollständig. Unsere Glaubwürdigkeit vor Ort würde bröckeln. Möglichst viele Ausbildungsmöglichkeiten vor Ort schaffen und Team-Mitglieder finden, die mit ganzem Herzen dabei sind, das hat für uns oberste Priorität.

Diessira Diallo stapelt Limonadenflaschen in den Kühlschrank und schaltet die Beleuchtung ein. Jetzt, nach Sonnenuntergang, kommen die Leute aus dem Ort auf ein Feierabendgetränk vorbei, kaufen bei der Gelegenheit fürs Abendessen ein. „Früher konnte ich mein Geschäft abends nicht öffnen, die Kosten für den Stromgenerator hätten alle meine Einnahmen aufgefressen. Jetzt, mit kühlen Getränken, frischen Lebensmitteln und Licht, konnte ich einen Treffpunkt schaffen. Mein Einkommen hat sich dadurch vervielfacht! Auch meine Kunden müssen nicht mehr in die größere Stadt fahren für ihre Einkäufe. Alles ist einfacher geworden!"

Re-invent yourself, re-invent the world!

Täglich klopfen Menschen bei uns an, die etwas verändern möchten, die nach einer Sinnhaftigkeit suchen, sowohl für ihre Zeit als auch für ihre Investments. Das zeigt, wie wichtig es insbesondere für junge Menschen geworden ist, ihre Lebenszeit mit Sinnstiftendem zu verbringen, mit etwas, das sie vor sich selbst rechtfertigen können.

Diese Entwicklung birgt eine riesige Chance für unsere Gesellschaft. Denn es findet ein Umdenken statt. Wofür möchte ich meine Energie einsetzen? Wofür jeden Tag aufstehen? Wer sein Herz sprechen lässt und seine Leidenschaft verfolgt, der kann etwas verändern. Im Kleinen zu Haus oder im ganz großen Stil! Deshalb möchten wir Mut machen. Traut euch! Gründet vielleicht sogar ein eigenes Social Business. Nach unserem Motto „WE DO“ können wir euch nur ans Herz legen: „DO, TOO“!

AIDA UND TORSTEN SCHREIBER

Aida und Torsten Schreiber starteten das auf den Bau von Mini-Grids spezialisierte Solarunternehmen Africa GreenTec im Jahr 2016. Als führende Persönlichkeit der Branche gelingt es Aida, die Stärke deutscher Technologie mit dem kulturellen Reichtum des ländlichen Afrikas zu verbinden. Sie legt einen besonderen Schwerpunkt auf die Stärkung der Rolle der Frauen im Energiesektor, in dem Frauen nur 22 Prozent der Fachkräfte ausmachen. Durch Vorträge und Workshops befähigt Aida viele Mädchen und Frauen in Westafrika, sich aktiv für nachhaltige Themen einzusetzen und sich Gehör zu verschaffen. Torsten begann sein Engagement als „Serial Social Entrepreneur“ 2007 mit der RockmyStartup GmbH (Beteiligungsgesellschaft für Start-ups und ab 2011 speziell für Impact Investing). Mit der Gründung der Crowdfunding-Plattform für Energieeffizienzprojekte bettervest sowie der Plattform social-startups.de und zahlreicher ehrenamtlicher Projekte baute er sein Engagement im nachhaltigen Energiesektor aus. Durch seine Frau Aida Schreiber lernte Torsten 2006 Mali kennen und lieben und verfolgt seit 2014 das Ziel, eine öko-effektive Energiewende in Afrika voranzutreiben. 2015 gründete er das mehrfach ausgezeichnete Sozialunternehmen Africa GreenTec, das unter anderem 2021 mit dem Sustainable Impact Award der Wirtschaftswoche prämiert wurde. Mit einer ganzheitlichen Systemlösung realisiert Africa GreenTec ImpactSites, mit denen ganze Dorfgemeinschaften in ländlichen Regionen mit Strom und nachhaltigen Technologien ausgestattet werden und ihre Zukunft selbstbestimmter gestalten können.

Abbildungsverzeichnis

S. 2	Giovanni Gastel/Wikimedia Commons
S. 3	Daryan Shamkhali/unsplash.com
S. 4, 5	Wingcopter GmbH
S. 6	Mark Cocksedge
S. 7	Studio Pim Top
S. 12	Deutsche Telekom AG
S. 16, 25	Deutsche Telekom Service GmbH
S. 28	Tobias/@herrzett via unsplash.com
S. 30	Privat
S. 33	FC Bayern München AG
S. 41	Sabine Hübner
S. 43	Otto Group
S. 49	Stefan Kaiser
S. 54–55	Illustration Original: Farknot Architect/shutterstock.com
S. 57–61	Villeroy & Boch AG
S. 62	Illustration Original: Andrey Armyagov, ZinetroN/Shutterstock.com
S. 64	Patrick Dembski
S. 66	Alexa Kirsch
S. 68–69	SWR/BR
S. 70–79	Anna Ziegler
S. 80	Wolfgang Köhler
S. 81, 85	Anne Kaiser Photography
S. 90, 95	Boris Breuer
S. 98, 102	Anna Ziegler
S. 104–109	Illustration Original: adehoidar/shutterstock.com
S. 105	Rügenwalder Mühle
S. 111, 113	Anna Ziegler
S. 114, 117	Deutsche Telekom Service GmbH
S. 120	Herrenknecht AG, Erwin Fleischmann
S. 122	Herrenknecht AG, Thomas Ernsting
S. 123	Herrenknecht AG, Éric Vazzoler
S. 125	Herrenknecht AG, Petra Enghauser
S. 125, 126	Herrenknecht AG, Rafael Kroetz
S. 127	Herrenknecht AG
S. 130–135	Illustration Original: VektorMine/Shutterstock.com
S. 138, 141	Illustration Original: Visual Generation/Shutterstock.com
S. 143	Privat
S. 144	Illustration Original: Nazarii M/Shutterstock.com
S. 147	Scheer GmbH (PR)
S. 154	Tabea Mathern
S. 158	Illustration Original: Bardocz Peter/Shutterstock.com
S. 164	Illustration Original: local_doctor/Shutterstock.com
S. 173	acatech/Ausserhofer
S. 174	Felix Birkenseer
S. 179	Sebastian Lock
S. 183	rooom AG
S. 184	Flixcheck GmbH
S. 185	Roman Pawlowski
S. 186	Du bist hier der Chef! e. V.
S. 187	Burak Kalyoncu
S. 188	Matthias Friel
S. 189	right. based on science GmbH
S. 190	Patrycia Lukaszewicz
S. 192–197	Africa GreenTec

Impressum

Frankfurter Allgemeine Buch

Copyright: Fazit Communication GmbH
Frankfurter Allgemeine Buch
Frankenallee 71–81
60327 Frankfurt am Main

Herausgeber
Dr. Ferri Abolhassan
Deutsche Telekom Service GmbH
Friedrich-Ebert-Allee 71–77
53113 Bonn

Chefredaktion & Umsetzung: Tatjana Geierhaas

Text: Tanja Ahrens, Daniel Burghardt, Christina Dier, Yvonne Duden, Arnd Festerling, Tatjana Geierhaas, Günther Heismann, Benjamin Kleemann-von Gersum, Anika Lautner, Bettina Merkelbach, Thorsten Rack, Gesine Wagner, Birgit Wölker, Thomas van Zütphen

Layout Innenseiten: 3st kommunikation GmbH, Mainz

Projektkoordination:
Fazit Communication GmbH, Frankfurt am Main,
PSM&W Kommunikation GmbH, Frankfurt am Main

Druck: Eberl & Kœsel GmbH & Co. KG, Altusried-Krugzell

Printed in Germany
1. Auflage, Frankfurt am Main 2022
ISBN: 978-3-96251-131-9